职业教育课程改革创新系列规划教材

Flash CS3 动画制作项目教程

汪　磊　主编

科学出版社

北　京

内 容 简 介

本书基于 Flash CS3 平台，以项目为核心，以任务为载体，以工作过程为导向，由浅入深、循序渐进地介绍了 Flash CS3 的使用方法和操作技巧，包括绘制基础动画，元件、实例和库，补间动画，逐帧动画，引导层动画，遮罩动画，按钮与菜单，声音和视频，Action Script 交互动画，综合案例等。每个任务后都配有相应的实训，便于读者自我检验与提高。

本书任务（实例）典型，操作步骤详细，图文并茂，通俗易懂，具有很强的可操作性和实用性，可作为职业院校"二维动画制作"课程的教学用书，还可作为网页动画、课件制作及动漫等商业设计领域从业人员的参考用书。

图书在版编目（CIP）数据

Flash CS3 动画制作项目教程/汪磊主编. —北京：科学出版社，2015
（职业教育课程改革创新系列规划教材）

ISBN 978-7-03-042981-0

I. ①F⋯　Ⅱ. ①汪⋯　Ⅲ. ①动画制作软件–职业教育–教材
Ⅳ. ①TP391.41

中国版本图书馆 CIP 数据核字（2015）第 004894 号

责任编辑：张振华 / 责任校对：刘玉靖
责任印制：吕春珉 / 封面设计：曹来

科 学 出 版 社 出版

北京东黄城根北街 16 号
邮政编码：100717
http://www.sciencep.com

新科印刷有限公司 印刷

科学出版社发行　　各地新华书店经销

*

2015 年 2 月第 一 版　　开本：787×1092　1/16
2019 年 1 月第七次印刷　　印张：15 1/4
字数：360 000

定价：39.00 元（含光盘）

（如有印装质量问题，我社负责调换〈新科〉）

销售部电话 010-62134988　编辑部电话 010-62135120-2005

前　　言

Flash 是一款优秀的二维矢量动画制作软件，它集绘画、制作、设计、编辑、合成、输出于一体，其生成的动画具有跨平台、体积小、品质高、交互功能强、进入门槛低等特点，可嵌入多种声音、视频、图片，并支持流式播放，能够满足网络高速传输的需要。基于以上优点，Flash 已被越来越多的人所熟悉，其应用也已经深入到传媒的各个领域。

本书以 Flash CS3 为平台，通过 10 个典型教学项目、30 个典型任务（实例），还配合课后实训，由浅入深、循序渐进地讲解 Flash CS3 软件的基本功能及各种基本动画制作的方法和技巧，并引导读者进行实训演练。本书内容翔实，语言通俗易懂，具有很强的可操作性和实用性。

本书具有以下特色：

1）任务引领，结果驱动。本书采用全新的职业教育课程理念——"基于项目教学"、"基于工作过程"，以项目为核心，以任务为载体，以工作过程为导向，通过"做中学，学中做"的教学方式，让学生学得轻松、学得实用。

2）内容实用，突出能力。本书学习目标明确，强化操作技能的培养，知识以"够用、实用"为原则，不强调知识的系统性，而注重内容的实用性和针对性。

3）案例经典，图解详细。本书各个任务（实例）操作步骤详细，图文并茂，通俗易懂，软件功能与实例紧密结合，便于提高和拓展读者对 Flash 基本功能的掌握与应用，又可帮助读者解决实际应用中的难题，拓展学习思路。

4）以人为本，可读性强。本书的体例设计与内容的表现形式充分考虑到职业院校学生的身心发展与认知规律，体例新颖，版式活泼，便于阅读，重点内容突出。

5）教学资源共享。本书配套有教学资源库，包括配书教学光盘、任务素材等，可供给有需要的读者。

本书由江西省电子信息工程学校组织编写。其中，项目 1 由汪磊、张健强共同编写，项目 2 由汪磊、张爱国共同编写，项目 3 由汪磊、黎闻华共同编写，项目 4 由黎闻华、张健强共同编写，项目 5 由黎闻华、汪磊共同编写，项目 6 由黎闻华、熊淑华共同编写，项目 7 和项目 8 由张健强、黎闻华共同编写，项目 9 由熊淑华编写，项目 10 由汪磊、张健强、黎闻华、熊淑华共同编写。全书由汪磊统稿。

由于编者水平有限，加之时间仓促，书中难免有疏漏和不妥之处，恳请读者批评指正！

目　　录

1 项目

绘制 FLASH 基础动画

>>>>

◎ **项目导读**

Flash 是创造性的工具，可以创建简单的动画到复杂的交互式、Web、应用程序。在创作的过程中可以发挥个人的创意，结合 Flash 的技术做出绘声绘色的动画作品。现在是我们大显身手进行创作的时候了。也许你还有些茫然，不知从何下手？也许你会问：我的美术基础不好，能行吗？没关系，通过我们的努力学习，即便没有美术基础的朋友也会说：噢，这个简单，我能做！这一项目将开始 Flash 之旅的第一站，制作一个简单的"小球运动"实例，让大家熟悉 Flash 的工作环境，掌握一些常用工具和功能菜单的使用方法，系统地学习应用 Flash 完成基本动画的全过程。

◎ **学习目标**

● 熟悉 Flash 的工作环境。

● 掌握文档属性的设置方法。

● 掌握图形元件的创建方法。

● 掌握绘图工具的使用方法。

● 掌握创建补间动画的技巧。

● 掌握外部图片的导入和应用。

● 掌握如何测试、保存和导出影片。

◎ **学习任务**

● 绘制小球运动。

● 绘制蓝天白云。

● 绘制树叶与树枝。

● 绘制茶壶。

● 绘制各式花草。

 绘制小球运动

◎ **任务描述**

　　我们从最基础的动画开始学习，了解 Flash 的界面组成、各种类型工具的使用，灵活应用任意变形工具、复制并应用变形并且充分利用颜色的渐变。本任务要绘制小球运动动画，效果如图 1-1-1 所示。

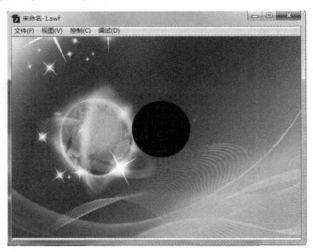

图 1-1-1

◎ **技能要点**

- 文档属性的设置方法。
- 图形元件的创建方法。
- 绘图工具的使用方法。
- 补间动画的创建技巧。
- 外部图片的导入和应用。
- 影片的测试、保存和导出。

 任务实施

　　01 执行"开始"→"程序"→"Adobe Flash CS3"命令，启动 Adobe Flash CS3，弹出 Adobe Flash CS3 的启动界面。

　　02 选择"新建"选项组中的"Flash 文件（Action Script 3.0）"选项，进入工作界面，如图 1-1-2 所示。

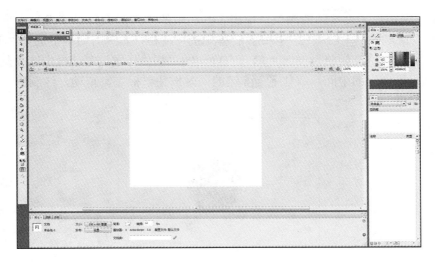

图 1-1-2

03 "属性检查器"面板（执行"窗口"→"属性"命令或按快捷键 *Ctrl* ＋ *F3*，打开或隐藏"属性检查器"面板）位于舞台的下方，新建文档后，用"属性检查器"面板来指定文档的"舞台"大小、背景颜色，"帧频"（fps，即播放速度），以及文档的发布设置等参数，如图 1-1-3 所示。

图 1-1-3

04 单击"属性"面板上"大小"右边的控件按钮，弹出"文档属性"对话框，最上面的"尺寸"是用来设定"舞台"大小的，输入宽度的值为"550 像素"，高度的值为"400 像素"，如图 1-1-4 所示。然后单击"确定"按钮。

05 执行"插入"→"新建元件"命令（快捷键 *Ctrl* ＋ *F8*），弹出"创建新元件"对话框。在"创建新元件"对话框中，输入元件的"名称"为"小球"，"类型"选择"图形"单选按钮，如图 1-1-5 所示，然后单击"确定"按钮。

图 1-1-4

图 1-1-5

06 绘制图形，设置圆的颜色。单击工具栏中的"椭圆工具"按钮◯，单击工具栏下面"颜色"区域的"笔触颜色"按钮，在弹出的"颜色样本"对话框中选择"没有颜色"按钮☑；再单击"填充颜色"按钮🖌 ■，在弹出的"颜色样本"对话框中选择蓝色，移动鼠标指针到"舞台"的中间，按住 Shift 键的同时按住鼠标左键拖动，绘制出一个随意大小的圆形，如图1-1-6所示。

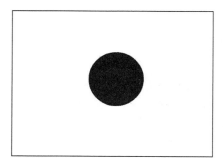

图 1-1-6

07 在"库"面板（执行"窗口"→"库"命令或按 F11 键），打开或隐藏"库"面板）中可看见刚才创建的"小球"图形元件，如图1-1-7所示。

图 1-1-7

08 单击"时间轴"的上方"场景1"，切换到"场景1"的舞台。选中"库"面板中的"小球"图形元件，拖动它到"舞台"的上边中间位置，如图1-1-8所示。

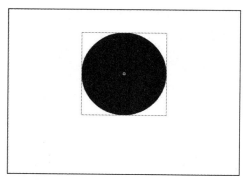

图 1-1-8

09 新建文档的主场景在"时间轴"上只有一个"图层 1"和一个"空白关键帧","小球"拖放到"舞台"上以后,就直接加到"图层 1"的第一帧上,同时第一帧变成"关键帧"。"关键帧"是用来定义动画变化状态的帧,显示为实心圆,如图 1-1-9 所示。

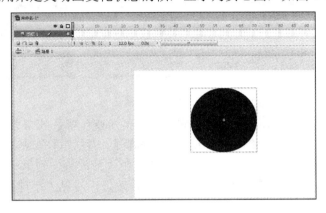

图 1-1-9

10 双击"图层 1"的图层名称处,输入"小球",将"图层 1"重新命名为"小球"。单击选中"小球"图层的第 20 帧,执行"插入"→"时间轴"→"关键帧"命令(快捷键 *F6*),在第 20 帧处插入一个"关键帧",用同样的方法在"小球"图层的 40 帧插入一个"关键帧",效果如图 1-1-10 所示。

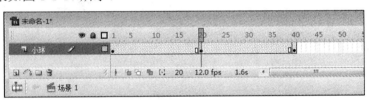

图 1-1-10

11 单击选中"小球"图层的第 20 帧,单击工具栏中的"选择工具"按钮 ，然后移动鼠标指针到"舞台"的"小球"图形元件上,按住 *Shift* 键的同时拖动"小球"到舞台的正下方,如图 1-1-11 所示。

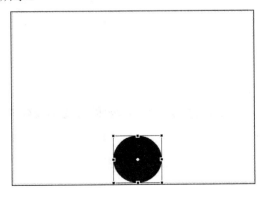

图 1-1-11

12 选中"小球"图层的第1帧，在"属性检查器"面板中，单击"补间"下拉按钮，在弹出的下拉列表中选择"动画"选项，如图1-1-12所示。

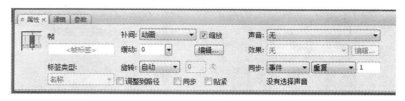

图1-1-12

13 "小球"图层的第1～20帧之间出现一条浅蓝色背景的带黑色箭头的实线。这样就实现了第1～20帧的"动作"补间动画。用同样的方法，再实现第20～40帧之间的动画，完成后面的图层结构。拖动"时间轴"上的红色"播放头"到第一帧的位置，按**Enter**键，动画开始播放，观察小球的"动作"补间动画效果，看见"小球"以平均的速度从上到下又回到上面。

14 选中"小球"图层的第1帧，在"属性检查器"面板中"缓动"文本框中输入"－100"，如图1-1-13所示。用同样的方法选中"小球"图层的第20帧，在"属性检查器"面板中"简易"文本框中输入"100"。拖动"播放头"到第一帧的位置，再按**Enter**键，观察发现"小球"运动效果比较符合客观规律了。

图1-1-13

15 单击"时间轴"左边"图层名称"底部的"插入图层"按钮 ，新建"图层2"。单击选中新建的"图层2"图层名称处，拖动到"小球"图层的下面，然后双击"图层2"的图层名称处，输入"背景"，将"图层2"重新命名为"背景"，如图1-1-14所示。

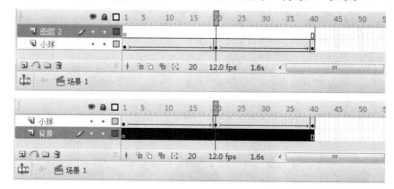

图1-1-14

16 选中"背景"图层的第一帧，执行"文件"→"导入"→"导入到舞台"命令（快

捷键 $Ctrl$ + R），弹出"导入"对话框，在"导入"对话框中选择要导入的图片文件"1-1-14
背景.jpg"，如图 1-1-15 所示，然后单击"打开"按钮。

图 1-1-15

17 执行"窗口"→"对齐"命令（快捷键 $Ctrl$ + K），打开"对齐"面板，如
图 1-1-16 所示。保持右边"相对于舞台"按钮 口 处于按下状态，分别单击"对齐"下面的
"水平中齐"按钮 品 和"垂直中齐"按钮 中。

18 执行"控制"→"测试影片"命令（快捷键 $Ctrl$ + $Enter$），弹出测试窗口，可
以观看整个动画的播放效果，测试动画效果是否满意。测试窗口如图 1-1-17 所示。

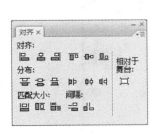

图 1-1-16

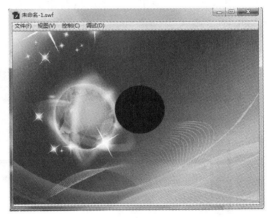

图 1-1-17

19 保存动画。执行"文件"→"保存"命令（快捷键 $Ctrl$ + S），弹出"另存为"
对话框，指定文件保存的路径，输入文件名"小球运动"，保存类型为"Flash CS3 文档
（*.fla）"，即文件的扩展名为".fla"，如图 1-1-18 所示。最后单击"保存"按钮保存动画。

20 导出动画。执行"文件"→"导出"→"导出影片"命令（快捷键 $Ctrl$ + Alt + $Shift$
+ S），弹出"导出影片"对话框，指定文件导出的路径和源文件保存在一个目录下，输入

文件名"小球运动"，保存类型为"Flash 影片（*.swf）"，即文件的扩展名为".swf"，如图 1-1-19 所示。然后单击"保存"按钮。

图 1-1-18

图 1-1-19

知识链接

初始 Flash 工作界面

Flash 是一种交互式动画设计软件，用它可以将音乐、声效、动画，以及富有新意的界面融合在一起，从而制作出高品质的动画效果。而今，Flash 已经发展成为当今互联网上最流行的动画作品，如网上各种动感网页、LOGO、广告、MV、游戏和高质量的课件等的制作工具。

Flash 初始工作界面包括以下四个区域：打开最近的项目、新建、从模板创建和自学按钮区。单击初始界面中"新建"选项组中的"Flash 文件（ActionScript 3.0）"选项，新建一个文件，进入工作界面。工作界面包括菜单栏、工具栏、舞台、时间轴和各种面板，如图 1-1-20 所示。

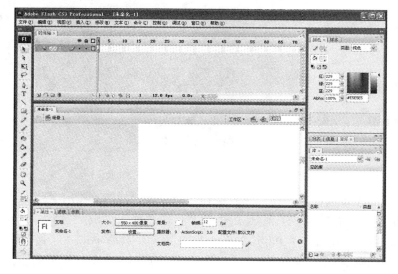

图 1-1-20

任务小结

本任务介绍了 Flash 的工作环境、文档属性的设置方法、绘图工具的使用方法、外部图片的导入和应用，以及如何测试、保存和导出影片，使学生在绘制基础动画的过程中产生浓厚的学习兴趣，并养成自主学习动画设计的好习惯。

课后实训

绘制花朵、五角星

【实训要求】

1. 熟练运用各种绘图工具。
2. 能在规定的时间内运用绘图工具制作出初步的图形。
3. 熟悉 Flash 软件的工作环境及界面的基本使用。

花朵和五角星效果如图 1-1-21 和图 1-1-22 所示。

图 1-1-21

图 1-1-22

【评价标准】

1. 在绘制花朵、五角星的过程中，基本工具的用法是否正确。
2. 颜色是否填充到位。
3. 整个绘画工具的使用是否规范。
4. 整个作品的大小构建比例是否协调。

【实训评价】

教师认真做好学生作品的评价工作，指出学生在操作过程中出现的问题，并做好点评及讲评。

任务 **1.2** 绘制蓝天白云

◎ 任务描述

在计算机绘图领域中，根据成图原理和绘制方法的不同，可以分为矢量图和位图两种类型。矢量图形是由一个个单独的点构成的，每一个点都有其各自的属性，如位置、颜色等。本作务我们将通过 Flash 基本绘图工具，绘制"蓝天白云"，效果如图 1-2-1 所示。

图 1-2-1

◎ 技能要点

- "变形"面板的使用。
- 图层的运用。
- "颜色"面板的使用。
- 实例的调整与编辑。

任务实施

01 新建"白云"的图形元件。使用"钢笔工具"来描绘白云的轮廓，设置"笔触颜色"为任意，"填充颜色"为白色。在使用"钢笔工具"时，除第一点向内拖动外，其余各点均向外拖动，封闭图形后的效果如图 1-2-2 所示。

图 1-2-2

[02] 单击"部分选取工具"按钮 ![icon]，按住 *Alt* 键，调节节点手柄，调整完成后如图 1-2-3 所示。

图 1-2-3

[03] 执行"修改"→"形状"→"将线条转换为填充"命令，并将转换过来的白云轮廓线条"填充颜色"改为浅蓝色。再执行"修改"→"优化"命令，弹出"优化"对话框，单击"确定"按钮。为了更清楚地观察到处理好的白云效果，可以在"属性"面板中将"背景颜色"改为蓝色，白云效果如图 1-2-4 所示。

图 1-2-4

04 新建一个图层，命名为"天空"。在"颜色"面板中重新设置填充颜色。填充类型设置为"线性"渐变，渐变颜色设置为从深蓝色到浅蓝色的变化，如图 1-2-5 所示。

05 在"天空"图层，选择"矩形工具"，在舞台上部画一个长方形，使用"任意变形工具"进行调整，将"天空"图层拖动到"白云"图层下方，如图 1-2-6 所示。

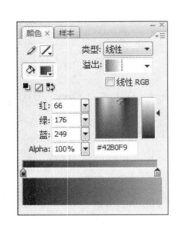

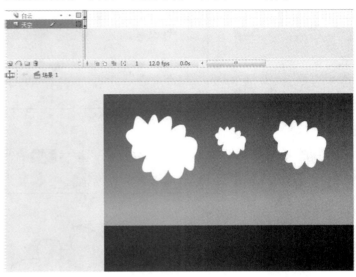

图 1-2-5   图 1-2-6

06 新建一个图层，命名为"山"。在"山"图层上，单击"铅笔工具"按钮，然后在"铅笔模式"下拉列表中选择"平滑"选项，在舞台上画出山的形状，如图 1-2-7 所示。

图 1-2-7

07 打开"颜色"面板，选择"线性"渐变类型，渐变颜色设置为深绿色至浅绿色的变化。给山轮廓图形填充颜色，如图 1-2-8 所示。

图 1-2-8

知识链接

动画制作流程

Flash 是一种创作工具，设计人员和开发人员可使用它来创建演示文稿、应用程序和其他允许用户交互的内容。Flash 可以包含简单的动画、视频内容、复杂演示文稿和应用程序，以及介于它们之间的任何内容。通常，使用 Flash 创作的各个内容单元称为应用程序，即使它们可能只是很简单的动画，也可以通过添加图片、声音、视频和特殊效果，构建包含丰富媒体的 Flash 应用程序。

1. Flash 动画概述

Flash 是美国 Adobe 公司推出的一款多媒体动画制作软件。它是一种交互式动画设计工具，可以把音乐、音效、动画及多种元素融合到一起，制作出高品质的动态效果。Flash 动画有别于 GIF 动画，它在很大程度上减小了文件的大小，提升了网络传输的效率，Flash 已经成为一个跨平台的多媒体标准。

1）动画：是将静止的画面变为动态的艺术，实现由静止到动态，主要是靠人眼的视觉残留效应，利用人的这种视觉生理特性制作出具有高度想象力和表现力的动画影片。

2）原画：动画与动画设计是不同的概念。原画设计是动画影片的基础工作，原画设计的每一镜头的角色、动作、表情，相当于影片中的演员，所不同的是设计者不是将演员的形体动作直接拍摄到胶片上，而是通过设计者的画笔来塑造各类角色的形象并赋予他们生命、性格和感情。

3）中间画：动画片中的动画一般也称为"中间画"，是针对两张原画的中间过程而言的，动画片动作的流畅、生动，关键要靠"中间画"的完善。

4）动画绘制需要的工具有拷贝箱工作台、定位器、铅笔、橡皮、颜料、曲线尺等。方法是：按原画顺序将前后两张画面套在定位器上，然后再覆盖一张同样规格的动画纸，通过台下拷贝箱的灯光，在两张原画动作之间先画出第一张中间画，然后再将第一动画与第一张原画叠起来套在定位器上，覆盖另一张空白动画纸画出第二动画。依此方法，绘制出两张原画之间的全部动作。

2．Flash 动画影片制作的过程

1）由编导确定动画剧本及分镜头脚本。

2）美术动画设计人员设计出动画人物形象。

3）美术动画设计人员绘制、编排出分镜头画面脚本。

4）动画绘制人员进行绘制。

5）导入到 Flash 进行制作。

6）剪辑配音

在分镜头画面脚本绘制过程中，应养成填表的好习惯，在表格中注明画面的景别，画面景别使用的专业术语有大特写、特写、近景、中景、全景、远景、全远景、纵深景等；画面、镜头号、景别、秒数、内容摘要、对白、效果、音乐。

3．Flash 主要特点

1）Flash 采用的是矢量绘图技术。

2）Flash 最终压缩生成.swf 动画文件。

3）Flash 采用流式播放技术。

4）Flash 通过脚本语言可以实现交互性动画，并通过 Dreamweaver 可直接嵌入网页的任一位置，非常方便。

5）Flash 借助于网络传播，所需的费用低，投入的成本低。

4．动画的概念及原理

动画原理：通过一副副静止的、内容不同的画面快速播放使人们在视觉上产生运动的感觉。人们在看画面时，画面会在大脑视觉神经中停留时间大约是 1/24s，前一个画面还没在人脑中消失，下一个画面已经进入人脑，人们就会觉得画面动起来了，它的基本原理与电影、电视一样，都是视觉原理。

库：库是用来存放资源的地方，相当于"舞台"后台。除了可以放置元件外，还可以放置位图、声音、视频等文件。

元件：指可以重复使用的对象，相当于演员。根据在影片中的作用，元件可分为三种类型：图形元件、影片剪辑元件和按钮元件。

帧：通俗地讲就是一个时间单位，如图 1-2-9 所示。

图 1-2-9

帧频：动画播放速度，即每秒播放多少帧。Flash 默认的帧频为 12 帧/s。帧频太慢会使动画看起来一顿一顿的，太快会使动画的细节变得模糊，在 Web 上每秒 12 帧通常会得到最佳效果，但是标准的运动图像速率是 24 帧/s。

图层：图层就像透明的玻璃一样，每块玻璃上都可以绘制不同的内容，将这些内容一层层叠加在一起就是一副完整的图像。

任务小结

通过本任务的学习，了解 Flash 的发展、应用领域、制作流程及相关知识，了解动画的一些常用术语，掌握 Flash 基础界面组成，知道动画形成的原理，为动画内容的学习打下坚实的概念基础。

课后实训

齿轮、心形、小草的绘制

【实训要求】

1. 掌握工具栏中各种工具的使用方法。
2. 能够对图形进行排列组合。
3. 熟悉 Flash 软件的工作环境及界面。
4. 了解 Flash 的制作流程及相关知识。

齿轮、心形、小草的效果如图 1-2-10～图 1-2-12 所示。

图 1-2-10

图 1-2-11

图 1-2-12

【评价标准】

1. 在绘制齿轮、心形、小草的制作中，基本工具的用法是否正确。
2. 在小草的绘制过程中技巧的使用是否正确。

3. 对线条、直线、正圆、椭圆的绘制是否正确。

【实训评价】

教师认真做好学生作品的评价工作，指出学生在操作过程中出现的问题，并做好点评及讲评。

 绘制树叶与树枝 --------------------------------------

◎ 任务描述

树叶与树枝的绘制主要是通过手工制作来加深对 Flash CS3 界面的熟悉程度，学会使用 "直线工具"、"填充工具"、"刷子工具"、"颜色" 面板，能够利用选取工具来进行变形，掌握如何选择颜色的搭配来增添图画的逼真性等，从而培养学生的动画绘制基础及丰富的想象力，以及培养学生的创意思维能力及动漫设计能力。实例效果如图 1-3-1 所示。

◎ 技能要点

- "直线工具"、"任意变形工具" 的使用。
- "刷子工具" 的使用及其属性的更改。
- "颜色" 面板的使用。
- 图形对象的缩放。

图 1-3-1

任务实施

01 新建图形元件。执行 "插入" → "新建元件" 命令，弹出 "创建新元件" 对话框，在 "名称" 文本框中输入元件名称 "树叶"，"类型" 选择 "图形"，如图 1-3-2 所示，单击 "确定" 按钮。

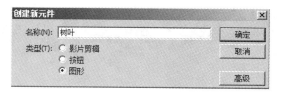

图 1-3-2

02 绘制树叶图形。在 "树叶" 图形元件编辑场景中，首先单击 "线条工具" 按钮 ╲ 画一条直线，"笔触颜色" 设置为深绿色，利用 "选择工具" 将它拉成曲线，绘制出如图 1-3-3 所示的基本形状。

03 在两端点间画直线，然后拉成曲线，再画旁边的细小叶脉，可以全用直线，也可以略加弯曲，一片简单的树叶就画好了，如图 1-3-4 所示。

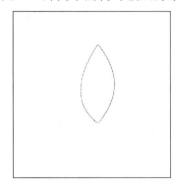

图 1-3-3　　　　　　　　　　　　　　图 1-3-4

04 在工具箱中单击"填充颜色"按钮，会出现一个调色板，单击右上角按钮，弹出"颜色"对话框，找到一种合适的绿色，如图 1-3-5 所示。

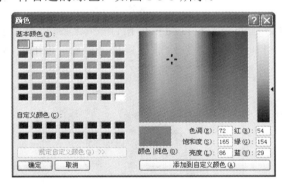

图 1-3-5

05 在调色板里选取绿色，单击工具箱里"颜料桶工具"按钮，在画好的叶子上单击，一片完整的树叶就绘制完毕，如图 1-3-6 所示。

06 执行"窗口"→"库"命令，打开"库"面板，将出现一个"树叶"图形元件，如图 1-3-7 所示。

图 1-3-6　　　　　　　　　　　图 1-3-7

07 单击"任意变形工具"按钮 ，单击舞台上的树叶元件，这时树叶被一个方框包围着，中间有一个变形点，当我们进行缩放旋转时，就以它为中心，如图 1-3-8 所示。

这个点是可以移动的。拖动鼠标，将它拖到叶柄处，需要它绕叶柄旋转，如图 1-3-9 所示。

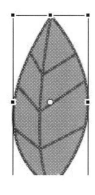 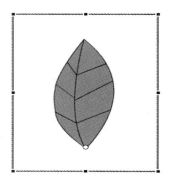

图 1-3-8   图 1-3-9

再把鼠标指针移到方框的右上角，待鼠标指针变成圆弧状时，表示可以进行旋转了。向下拖动鼠标，叶子绕控制点旋转，到合适位置松开鼠标，如图 1-3-10 所示。

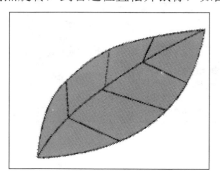

图 1-3-10

08 执行"编辑"→"复制"命令，然后利用"粘贴"功能，复制出三片树叶，再利用"任意变形工具"，拖动任一角上的缩放手柄，可以将对象放大或缩小。拖动中间的手柄，可以在垂直和水平方向上放大、缩小、翻转，最终如图 1-3-11 所示。

图 1-3-11

09 将以上画好的三片树叶全部选中，然后执行"修改"→"转换为元件"命令，将它们转换为名字为"三片树叶"的图形元件。

10 返回主场景"场景 1"。单击时间轴右上角的"场景 1"按钮，如图 1-3-12 所示。

11 单击"刷子工具"按钮 ✐，选择"刷子形状"为圆形，大小自定，选择"刷子模式"为"后面绘画"，移动鼠标指针到场景中，画出树枝形状，如图 1-3-13 所示。

图 1-3-12   图 1-3-13

12 使用快捷键 **Ctrl** + **L**，打开"库"面板。单击"树叶"图形元件，将其拖放到场景的树枝图形上，用"任意变形工具"进行调整。"库"里的元件可以重复使用，只要改变它的长短、大小、方向就能表现出纷繁复杂的效果来。完成效果如图 1-3-14 所示。

图 1-3-14

13 执行"控制"→"测试影片"命令，或者按快捷键 **Ctrl** + **Enter**，观察动画效果。执行"文件"→"保存"命令，将文件保存为"树叶与树枝.fla"文件。

知识链接

矢量图、位图及基础工具的使用

1．矢量图和位图

1）矢量图形是由一个个单独的点构成的，每一个点都有其各自的属性，如位置、颜色等。因此，矢量图与分辨率无关。对矢量图进行缩放时，图形对象仍保持原有的清晰度和光滑度，不会发生任何偏差，且文件占用的空间容量小。图 1-3-15 所示是放大了几倍的矢量图效果。

图 1-3-15

2）位图图像是由像素点构成的，像素点的多少将决定位图图像的显示质量和文件大小。位图图像的分辨率越高，其显示越清晰，文件所占的空间也就越大。因此，位图图像的清晰度与分辨率有关。对位图图像进行放大时，放大的只是像素点，位图图像的四周会出现锯齿状。图 1-3-16 所示是放大了几倍的位图效果。

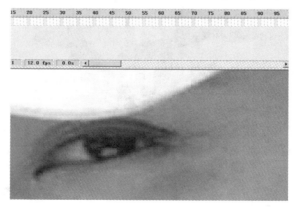

图 1-3-16

2．基础工具的使用

在 Flash 动画制作过程中，会大量运用到矢量图形。虽然有一系列功能强大的专门矢量图制作软件，但运用 Flash 自身的矢量绘图功能将会更方便、更快捷。通过这一任务，我们要重点掌握不同工具的使用方法。工具箱如图 1-3-17 所示。

（1）选择工具（V）

在 Flash 中，"选择工具"主要用于选择各种图形，并可以对选择的图形节点进行调整。

使用方法：单击"选择工具"按钮，然后拖动鼠标对目标图形进行选取，如图 1-3-18 所示。该工具可以使图形的边框和里面的填充物分开，按住 Shift 键可以同时选中四个边框，如图 1-3-19 所示；也可以选择所绘制图形的局部任何一个区域，如图 1-3-20 所示。选择工具可以改变节点的位置，可以通过改变节点的位置或节点之间的线段弯曲度来调整图形的形状，如图 1-3-21 所示。

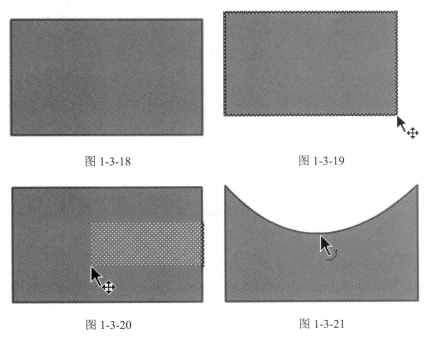

图 1-3-18　　　　　　　　　　　　　图 1-3-19

图 1-3-20　　　　　　　　　　　　　图 1-3-21

图 1-3-17

（2）线条工具（N）

在 Flash 中，"线条工具"主要用于绘制各种各样的直线和曲线。

使用方法：在工具箱中单击"线条工具"按钮，然后在"属性"面板上设置笔触颜色、笔触高度、笔触样式、端点和接合等属性，如图 1-3-22 所示。

图 1-3-22

线条的样式可以自己定义。在"属性"面板上单击"自定义"按钮，将弹出"笔触样式"对话框，如图 1-3-23 所示。在该对话框中，有六种类型可供选择：直线、虚线、点状线、锯齿线、点描和斑马线。这六种类型结合"4 倍缩放"和"粗细"及是否"锐化转角"，可以形成很多富有个性的线条。

如果感觉线条两端的样式很单调，可以在"属性"面板上单击"端点"右方的下拉三角，从弹出的下拉列表中选择菜单项来设定路径端点的样式，如图 1-3-24 所示。

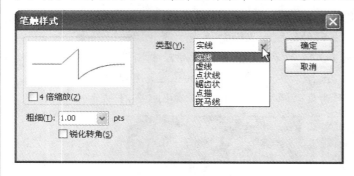

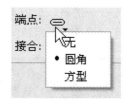

图 1-3-23   图 1-3-24

若要对绘制的线条进行修改，可以先在工具箱中单击"选择工具"按钮，然后选择要修改的线条，在"属性"面板中修改它的颜色、高度、样式和端点等属性，如图 1-3-25 所示。

图 1-3-25

（3）任意变形工具（Q）

在 Flash 中，"任意变形工具"主要用于调整图形的大小。

使用方法：在工具箱中单击"任意变形工具"按钮，然后单击"舞台"中的图形，此时整个图形如图 1-3-26（a）所示。拖动鼠标可以等比例均匀调整图形的大小，如图 1-3-26（b）所示。

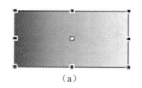 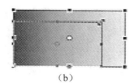

（a）   （b）

图 1-3-26

（4）刷子工具（B）

在 Flash 中，"刷子工具"主要用于涂色和特殊效果的创建。

使用方法：在工具箱中单击"刷子工具"按钮，然后在"属性"面板上设置填充颜色和笔触平滑度属性，如图 1-3-27 所示。

在 Flash 中，可以在工具箱的选项区域中设置刷子模式、刷子大小和刷子形状。刷子工具，有五种刷子模式供设计者选择，如图 1-3-28 所示。

图 1-3-27　　　　　　　　　　　　　　　图 1-3-28

标准绘画：在该模式中，当前图形将以正常方式覆盖它下面的图形。

颜料填充：在该模式中，可以对填充区域和空白区域进行涂色，但不影响线条。

后面绘画：在该模式中，涂色的图形将显示在原有图像的后面，对原有图形的属性不造成影响。

颜料选择：该模式可涂绘已选择区域，对没有选择的地方不涂色。该模式不对线条进行涂色。

内部绘画：在该模式中，涂绘区域取决于绘制图形时落笔的位置。若落笔在图形内，则只对图形的内部进行涂绘；若落笔在图形外，则只对图形的外部进行涂绘。若在图形内部的空白区域开始涂色，则只对空白区域进行涂色，而不会影响任何现有的填充区域。该模式不会对线条进行涂色。

（5）颜料桶工具（K）

在 Flash 中，"颜料桶工具"主要用于对各种图形进行颜色填充。

使用方法：在工具箱中单击"颜料桶工具"按钮，然后在"属性"面板上设置填充色属性，如图 1-3-29 所示。

在对图形进行颜色填充的时候，应该考虑它的空隙大小。此时应该单击工具箱中的选项区域，选择空隙大小，会弹出下拉列表，如图 1-3-30 所示。

图 1-3-29　　　　　　　　　　　　　　　图 1-3-30

不封闭空隙：对不封闭的空隙进行填充。

封闭小空隙：对封闭的小空隙进行填充。

封闭中等空隙：对封闭的中等空隙进行填充。

封闭大空隙：对封闭的大空隙进行填充。

（6）颜料工具

颜色工具在工具箱的颜色区域中，它们在图形设计中有很重要的地位。因为色彩是设计者体现个性的一个重要方面。颜色工具包括两种：笔触颜色 和填充颜色 。

在 Flash 中，"笔触颜色"主要用于对图形的边缘颜色进行设置，"填充颜色"主要用于对图形进行填充。

单击"黑白"按钮，即可设置"笔触颜色"为黑色，"填充颜色"为白色。

单击"没有颜色"按钮，可以设置"填充颜色"为空。

单击"交换颜色"按钮，可以交换当前图形的笔触颜色和填充颜色。

任务小结

通过树叶与树枝的制作，要求学生掌握绘制工具的使用方法；通过对学生作业的反馈，教师必须做好及时的点评与指导，按照是否能够完成完整的效果图、整幅作品比例是否协调、树叶与树枝的色彩是否和谐、动画播放效果与教师展示是否基本相似或是更加有创意的基本要素来要求学生，从而培养学生严谨的学习态度。

课后实训

绘 制 蜻 蜓

【实训要求】

1. 熟练运用各种绘图工具：选择工具、线条工具、刷子工具、任意变形工具、滴管工具、墨水瓶工具、颜料桶工具。

2. 能在规定的时间内运用绘图工具制作出初步的矢量图。

3. 熟悉 Flash 软件的工作环境及界面。

4. 掌握 Flash 软件制作动画的特点。

5. 掌握 Flash 绘制动画的基本过程及色彩搭配。

蜻蜓效果如图 1-3-31 所示。

图 1-3-31

【评价标准】

1. 整个作品是否为一幅完整的作品图。
2. 在绘制蜻蜓的翅膀时能否灵活运用多种不同的工具。
3. 整个作品的色彩搭配是否和谐。
4. 在制作过程中，基本工具的用法是否正确。

【实训评价】

　　教师认真做好学生作品的评价工作，指出学生在操作过程中出现的问题，并做好点评及讲评。

 绘制茶壶

◎ **任务描述**

　　在 Flash 动画制作过程中，只有灵活使用编辑工具，才能制作出逼真的动画效果。本任务中，我们可以通过对简单物体——茶壶的绘制，达到灵活使用工具及掌握 Flash 编辑功能的目的。实例效果如图 1-4-1 所示。

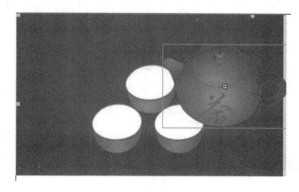

图 1-4-1

◎ **技能要点**

● 合并、打散、组合、排列等功能的使用。
● "对齐"、"变形"、"颜色"等面板的正确使用及快捷方式的使用。
● "刷子工具"的灵活使用及其属性的更改。
● 颜色的填充。

 任务实施

　　01 新建一个空白文档，设置背景色为绿色，然后按快捷键 **Ctrl** ＋ **F8**，弹出"创建新元件"对话框，设置如图 1-4-2 所示。

图 1-4-2

02 把"填充颜色"设置为无，线条颜色选择任意颜色，然后先用"椭圆工具"画一个椭圆，再用"线条工具"画一条直线，调整如图 1-4-3 所示，椭圆工具的笔触高度设置为 2。

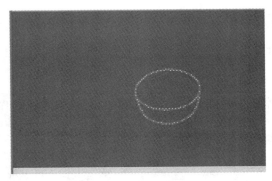

图 1-4-3

03 给杯子填充颜色，椭圆里填充白色，里面外面用渐变来填充，左边颜色为"#B97B3E"，右边颜色为"#664422"，杯子的外线颜色为"#86592D"，填充完杯子的渐变后，可以用填充变形工具调整一下具体位置，如图 1-4-4 所示。

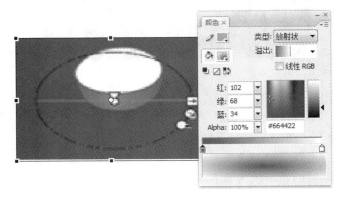

图 1-4-4

04 选中整个茶杯，按快捷键 **Ctrl + G**，然后按住 **Alt** 键不放，拖动茶杯，这样就可以进行直接复制，如图 1-4-5 所示。

05 新建一个图层，画茶壶。先画一个外形，线条颜色为"#86592D"，方法同上，使用"椭圆工具"和"线条工具"进行调整得出，勾勒出基本外形，然后用选择工具慢慢调整，如图 1-4-6 所示。

图 1-4-5

图 1-4-6

06 给茶壶添加颜色，放射渐变填充，左边颜色为"#C18446"，右边颜色为"#664422"，同样最后用填充变形工具调整，调整完后，把笔触颜色删掉，如图 1-4-7 所示。

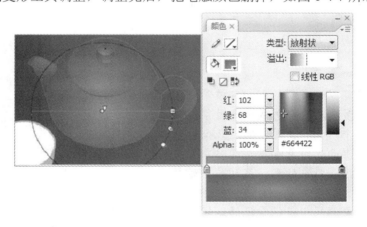

图 1-4-7

07 把茶杯和茶壶的位置摆放好，一个画面使制作完毕，如图 1-4-8 所示。

08 测试存盘。执行"控制"→"测试影片"命令，观察动画效果。执行"文件"→"保存"命令，将文件保存为"茶壶.fla"文件。

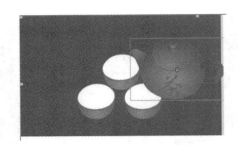

图 1-4-8

编 辑 对 象

对象是舞台上的项目。它和非对象的区别是，对象之间的图形不互相影响，而非对象之间的图形互相影响。掌握了基本图形绘制工具以后，还应该学会对对象进行编辑。从菜单栏执行"修改"命令，该菜单项中包含了编辑对象的项目。

（1）分离对象

要想把位图、实例和组进行单独编辑，可以执行"修改"→"分离"命令，实现分离编辑，或者称为"打散"（快捷键 **Ctrl** + **B**），如图 1-4-9 所示。这是对影片剪辑元件的一个实例应用"分离"命令以后变化的属性。可以看出，它由影片剪辑实例变成了绘制对象。

图 1-4-9

（2）合并对象

合并对象可以合成新的形状。该命令包括四种，如图 1-4-10 所示。

联合：把多个对象合并成一个对象。

交集：多个对象相交时只取这几个对象相交的部分。

打孔：最上面的对象和下层的对象相交的部分将被删除。

裁切：使用一对象的形状裁切另一对象。

（3）变形

变形在对象编辑中是很常见的编辑方式，如图 1-4-11 所示，它主要包含以下几种。

任意变形：在对象上任意进行缩放操作。它是对"任意变形工具"的调用。

扭曲：在对象上进行扭曲操作。

封套：可以对对象进行更细致的变形操作，包括用手柄对其进行调整。但封套不能修改元件、位图、视频对象、声音、渐变、对象组或文本。

旋转、倾斜和缩放：通过角度改变和大小变化使对象变形。

翻转：包括垂直翻转和水平翻转。这种变形是上下变化和左右变化的简单体现。

| 删除封套 |
| 联合 |
| 交集 |
| 打孔 |
| 裁切 |

任意变形 (F)	
扭曲 (D)	
封套 (E)	
缩放 (S)	
旋转与倾斜 (R)	
缩放和旋转 (C)	Ctrl+Alt+S
顺时针旋转 90 度 (O)	Ctrl+Shift+9
逆时针旋转 90 度 (9)	Ctrl+Shift+7
垂直翻转 (V)	
水平翻转 (H)	
取消变形 (T)	Ctrl+Shift+Z

图 1-4-10　　　　　　　　　　　　　图 1-4-11

（4）排列

当舞台中有多个对象时，需要对它们进行排列。处于不同的层，编辑出来的效果也是不同的，如图 1-4-12 所示。

移至顶层：把选中的对象移动到最顶层。

上移一层：把选中的对象往上移一层。

下移一层：把选中的对象往下移一层。

移至底层：把选中的对象移动到最底层。

锁定：选中的对象不能移动。

（5）对齐

舞台中有很多对象时，用"对齐"命令可以把它们按照需要排列好。它的级联菜单项如图 1-4-13 所示。对于这些命令，直接单击即可使用。

左对齐 (L)	Ctrl+Alt+1
水平居中 (Z)	Ctrl+Alt+2
右对齐 (R)	Ctrl+Alt+3
顶对齐 (T)	Ctrl+Alt+4
垂直居中 (C)	Ctrl+Alt+5
底对齐 (B)	Ctrl+Alt+6
按宽度均匀分布 (D)	Ctrl+Alt+7
按高度均匀分布 (H)	Ctrl+Alt+9
设为相同宽度 (M)	Ctrl+Alt+Shift+7
设为相同高度 (S)	Ctrl+Alt+Shift+9
相对舞台分布 (G)	Ctrl+Alt+8

移至顶层 (F)	Ctrl+Shift+上箭头
上移一层 (R)	Ctrl+上箭头
下移一层 (E)	Ctrl+下箭头
移至底层 (B)	Ctrl+Shift+下箭头
锁定 (L)	Ctrl+Alt+L
解除全部锁定 (U)	Ctrl+Alt+Shift+L

图 1-4-12　　　　　　　　　　　　　图 1-4-13

（6）组合

当舞台中有很多对象时，可以执行该命令。

使用方法：按 **Shift** 键，同时选择要组合在一起的对象，如图 1-4-14 所示。

执行"修改"→"组合"命令，对象即组合在一起。此时在组合对象周围只有一个蓝色边框，可以按快捷键 **Ctrl** ＋ **G** 调用"组合"命令，如图 1-4-15 所示。

图 1-4-14

图 1-4-15

（7）标尺、网格、辅助线的使用

Flash 可以显示标尺和辅助线，以帮助设计者精确地绘制和安排对象。我们可以在文档中放置辅助线，然后使对象贴紧至辅助线，也可以打开网格，然后使对象贴紧至网格。

如果显示了标尺，可以将水平和垂直辅助线从标尺拖动到舞台上，可以移动、锁定、隐藏和删除辅助线，也可以使对象贴紧至辅助线，更改辅助线颜色和贴紧容差。

任务小结

"茶壶"主要由圆、椭圆等元素构成，我们可以通过圆形元件的变形等来完成这些元素的制作。使用"椭圆工具"、"矩形工具"、"线条工具"和"铅笔工具"将它们绘制出来，最后完成茶壶倾斜的基础绘制。通过本任务的制作，学生应掌握工具箱中基础工具的使用方法。

课后实训

绘制人物肖像图

【实训要求】

1. 熟练运用各种绘图工具：选择工具、线条工具、刷子工具、任意变形工具、滴管工具、墨水瓶工具、颜料桶工具。
2. 能在规定的时间内运用绘图工具制作出较为初步的矢量图。
3. 熟悉 Flash 软件的工作环境及界面。
4. 掌握 Flash 软件制作动画的特点。
5. 掌握 Flash 绘制动画的基本过程及色彩搭配。

人物肖像效果如图 1-4-16 所示。

图 1-4-16

【评价标准】

1. 人物线条是否流畅、柔和。
2. 作品整体比例是否协调。
3. 作品的色彩搭配是否和谐。
4. 在人物肖像制作中，基本工具的用法是否正确。

【实训评价】

教师认真做好学生作品的评价工作，指出学生在操作过程中出现的问题，并做好点评及讲评。

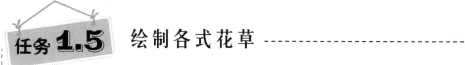

任务 1.5　绘制各式花草

◎ **任务描述**

　　想象有一幅美丽的春景图，图中一只鸭妈妈带领一群小鸭在开满鲜花的草地上嬉戏，还有各式各样的房子、树木……根据此情景，来完成各式花草图的绘制，效果如图 1-5-1 所示。

图 1-5-1

◎ **技能要点**

- 矢量图的绘制。
- 编辑功能的使用。
- 合并、打散、组合、排列等功能的使用。
- "对齐"、"变形"、"颜色"等面板的正确使用及快捷方式的使用。
- 颜色的填充。

任务实施

1. 绘制小草

01 新建图形元件"背景"：使用"矩形工具"，"笔触颜色"随意、"填充颜色"无，画 550*400 的边框，居中。用"直线工具"在边框内画出草地轮廓及草地与天空的分界线。再用"选择工具"调整成弧线，在三个区域里用三种绿色分别填充，天空用线性填充，色标为左色标"#cccccc"，中色标"#b5d9fd"，右色标"#ddf9ff"，填充后用填充变形工具调整。

02 单击"线条工具"按钮，单击"属性"面板中的"自定义"按钮，弹出"笔触样式"对话框，设置类型为"斑马线"，如图 1-5-2 所示。

图 1-5-2

03 单击"墨水瓶工具"按钮 ，分别在每块草地的边界处画相应颜色的小草。效果如图 1-5-3 所示。

图 1-5-3

2. 绘制各式花朵

（1）新建图形元件名为花 1

01 图层 1 取名为"花"，单击"椭圆工具"按钮，设置"笔触颜色"随意，"填充颜色"无，画椭圆。使用"选择工具"调整成花瓣状，再用"任意变形工具"选中花瓣把注册点移至下端，在"变形"面板上约束打勾，旋转 60 度，复制并变形 5 次，再用放射性填充：左色标"#CC338F"，右色标"#F9CAE2"，分别为 6 个花瓣填充，并用填充变形工具调整，删除边线，如图 1-5-4（a）所示。

02　图层 2 取名为"花蕊"，再用"椭圆工具"画花蕊，放射状填充，左色标"#B8DA2E"，右色标"#B0E85B"，用"刷子工具"颜色选"#FFFF66"随意点些小点，如图 1-5-4（b）所示。

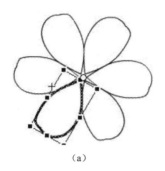
（a）

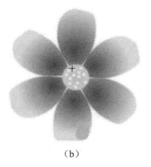
（b）

图 1-5-4

（2）新建图形元件名为花 2

01　图层 1 取名为"花"，用"椭圆工具"，"笔触颜色"随意，"填充颜色"无，画 120*120 正圆。按 *Alt* 键在圆周上打五个节点，然后用黑箭头工具调整成花瓣形状。填充放射状颜色，从左到右排列色码：#FFE7C4、#FFCC66、#FF6600、#FFCC66，如图 1-5-5（a）所示。

02　图层 2 取名为"花脉"，用"直线工具"画花脉，并调整形状，色码为"#FF6600"，如图 1-5-5（b）所示。

03　图层 3 取名为"花蕊"，用"铅笔工具"画出八条花心，从左到右排列色码为线性：#F4FCAD、#88B913，用"刷子工具"点上花蕊，色码为"990033"，如图 1-5-5（c）所示。

（a）

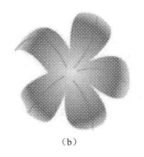
（b）

（c）

图 1-5-5

（3）新建图形元件名为花 3

01　图层 1 取名为"花"，用"椭圆工具"，"笔触颜色"随意，"填充颜色"无，画 95*85 椭圆。按 *Alt* 键在圆周上打五个节点，然后用黑箭头工具调整成花瓣形状。填充放射状颜色，从左到右排列色码：#FCF8CF、#FEEF67、#FFFFBB、#F8EDC2，填充后删除笔触颜色，如图 1-5-6 所示。

02 图层 2 取名为 "花蕊"，用 "椭圆工具"，"笔触颜色" 随意，画 29*21 椭圆，填充放射状颜色，从左到右排列色码：#FCF8CF、#FBCA59、#9D8215，填充后删除笔触颜色，用 "刷子工具" 点上花蕊，色码为 "#FF9900"，如图 1-5-6 所示。

图 1-5-6

3. 绘制花蕾

（1）新建图形元件名为花蕾 1

01 图层 1 取名为 "花蕾"，图层画椭圆调整成图示形状，填充放射状色码：（从左到右）#FFE7C4、#FFCC66、#FF6600、#FFCC66。

02 图层 2 取名为 "花脉"，用 "直线工具" 画几条花脉，色码为 "#FFCC66"。

03 图层 3 取名为 "花柄"，用 "矩形工具" 画一个矩形，调整成图示形状，色码为 "006600"，如图 1-5-7 所示。

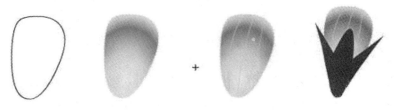

图 1-5-7

（2）画花蕾 2 和花蕾 3

01 在 "库" 面板中右击花蕾 1，在弹出的快捷菜单中选择 "直接复制" 选项，弹出 "直接复制元件" 对话框，如图 1-5-8 所示，改名花蕾 2。

图 1-5-8

02 双击花蕾 2 进入花蕾 2 编辑场面，在花蕾层用填充变形选中花蕾画面，更改填充放射状色码为（从左到右）#FCF8CF、#FEEF67、#FFFFBB、#F8EDC2。

03 直接复制花蕾 1，改名花蕾 3。双击花蕾 3 进入花蕾 3 编辑场面，在花蕾层用填充变形工具选中花蕾画面，更改填充放射状色码为（从左到右）#EA9BC8、#DC6AAD、

#CC338F、#F9CAE2。在花脉层用黑色选择工具选中花脉改色码为"#B52D7E",如图 1-5-9
所示。

（a）　　　　　　　　　　（b）

图 1-5-9

4.　画叶子和花枝

01 新建图形元件取名"花枝 1",拖入"花 1"元件,新建图层取名为"花秆",到
花层下面画花秆,先画直线然后调整成图示形状,色码为"629218",笔触设置为"3",新
建图层取名为"叶",画两个细长椭圆,调整成树叶状,安放在适当位置,色码为"009900"。
如图 1-5-10 所示。

（a）　　　　　　　　　　（b）　　　　　　　　　　（c）

图 1-5-10

02 用同样的方法制作"花枝 2"、"花枝 3"和"花蕾枝 1"、"花蕾枝 2"、"花蕾枝 3",
如图 1-5-11 和图 1-5-12 所示。

图 1-5-11

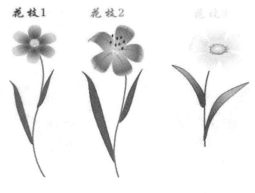

图 1-5-12

5. 画小草

01 新建图形元件"草"。单击"对象绘制"按钮 ◉，画一个细长矩形 8*170，用"选择工具"调整成图 1-5-13 所示形状，填充渐变色。左色码为"#28841E"，右色码为"#BFF0B9"。

02 用同样的方法画出各种形状的小草，并填充渐变色。左色码为"#6C8118"，右色码为"#CCEDAB"，效果如图 1-5-13 所示。

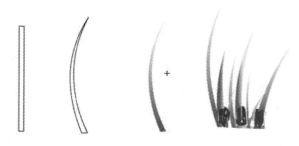

图 1-5-13

6. 组合场景

01 图层 1 改名为背景。打开库，把背景元件拖入场景中，居中对齐。

02 图层 2 改名为花草。从库里把刚才画好的各个花草图形元件拖入，调整大小，摆放在适当的位置，花或草可以按需要复制几个摆放好。

03 图层 3 改名为草 1，用"铅笔工具"，选项为"平滑"，属性选用"斑马线"，设置如画草地轮廓线，分别用几种草的颜色在绿地里画，如图 1-5-14 所示。

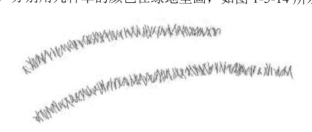

图 1-5-14

04 最后标注上名称和笔名及日期，测试保存，如图 1-5-15 所示。

图 1-5-15

7. 测试存盘

执行"控制"→"测试影片"命令（快捷键 *Ctrl* ＋ *Enter*），观察动画效果，如果满意，执行"文件"→"保存"命令，将文件保存成"各式花草.fla"文件。如果要导出 Flash 的播放文件，执行"文件"→"导出"→"导出影片"命令。

任务小结

本任务主要是绘图编辑功能和各项工具的深入使用，要求同学们对各式花草进行绘制，熟练使用各式工具，掌握各个对象的绘制技巧。由此激发深厚的学习兴趣及自主创作的欲望。

课后实训

绘 制 春 天

【实训要求】

1. 熟练运用各种绘图工具：选择工具、线条工具、刷子工具、任意变形工具、滴管工具、墨水瓶工具、颜料桶工具。

2. 能在规定的时间内运用绘图工具制作出较为初步的矢量图。

3. 熟悉 Flash 软件的工作环境及界面。

4. 掌握 Flash 软件制作动画的特点。

5. 掌握 Flash 绘制动画的基本过程及色彩搭配。

春天效果如图 1-5-16 所示。

图 1-5-16

【评价标准】

1. 整个作品是否为一幅完整的作品图。

2. 整个作品中各项元素是否画得合理。

3. 整个作品的色彩搭配是否和谐。

4. 基本工具的用法是否正确。

【实训评价】

教师认真做好学生作品的评价工作，指出学生在操作过程中出现的问题，并做好点评及讲评。

2 项目

元件、实例和库的应用

◎ **项目导读**

　　电影的倒计时效果是如何制作出来的呢？有的同学回答用 PPT 幻灯片可以制作出这样的效果，那么能否通过 Flash 来制作？在 Flash 制作过程中，合理运用元件、库是关键，设计者可避免制作大量重复使用的对象，从而提高工作效率。除此之外，合理利用元件还可以加快影片的播放速度。本项目主要通过案例讲解，使得同学们能够领悟元件、库、实例的概念，掌握其使用方法。

◎ **学习目标**

● 了解元件、实例和库的概念及三者之间的关系。

● 熟练运用元件、实例和库来制作一些比较美观的效果。

● 熟悉元件的几种类型，知道这几种类型的不同及相同点。

● 理解实例的来源。

◎ **学习任务**

● 制作倒计时动画。

● 制作跷跷板。

● 制作穿过树林的小火车。

任务 2.1　制作倒计时动画

◎ 任务描述

通过本任务的学习，要求同学们能够领悟元件、库的概念，掌握新建元件、转换元件、库面板的使用与编辑、实例的运用等。这些是学习 Flash 必须掌握的知识点和技能点。在制作中要避免反复制作大量重复使用的对象，从而提高工作效率。倒计时效果如图 2-1-1 所示。

◎ 技能要点

- 倒计时动画的具体创建方法。
- 元件的制作方法。
- 库、实例的用法。

图 2-1-1

任务实施

01 首先打开 Flash，新建一个文档，大小为 550 像素*400 像素，背景色为"#FFFFFF"，帧频保持默认设置。

02 按快捷键 *Ctrl* + *F8*，弹出"创建新元件"对话框。"类型"选择"图形"，名称为"圆"，如图 2-1-2 所示。

03 单击"确定"按钮进入"圆"元件的制作，找到"椭圆工具"，选择"笔触颜色"为黑色，线条粗细为 10，如图 2-1-3 所示。

图 2-1-2

图 2-1-3

04 按住 **Shift** 键绘制正圆，高 462，宽 462。再选择"线条工具"绘制宽 462，高 12 的两条互相垂直的直线，将其放置到圆内，如图 2-1-4 所示。

05 回到场景，新建图层 1 的第 1 帧，选中第 1 帧，将"圆元件"放置到场景上。按快捷键 **Ctrl**＋**K** 打开"对齐"面板，选择相对于舞台水平中齐和垂直中齐。

06 新建图层 2，按 **F7** 键插入空白关键帧。选择图层 2 的第 1 帧，绘制一个正圆。圆宽 275，高 275，颜色填充为放射状，如图 2-1-5 所示。

图 2-1-4   "圆"图形元件

图 2-1-5

07 将图层 1 及图层 2 的帧延长到 20 帧。

08 新建图层 3，按 **F7** 键新建空白关键帧。单击"文本工具"按钮 **T** 输入文字 10，字体为黑体，字号为 120，如图 2-1-6 和图 2-1-7 所示。

图 2-1-6

图 2-1-7

09 接着按快捷键 **Ctrl**＋**K**，打开"对齐"面板，选择相对于舞台水平对齐和垂直对齐。

10 选择图层 3 的第 3 帧按 **F7** 键插入空白关键帧,用文本工具输入 9,字体为黑体,字号为 120,选择相对于舞台水平对齐和垂直对齐。

11 同上,依次在图层 3 的第 5 帧、第 7 帧、第 9 帧、第 11 帧、第 13 帧、第 15 帧、第 17 帧、第 19 帧中,分别输入 8、7、6、5、4、3、2、1,选择相对于舞台水平对齐和垂直对齐。

12 测试存盘。执行"控制"→"测试影片"命令(快捷键 **Ctrl** + **Enter**),观察动画效果。如果满意,执行"文件"→"保存"命令,将文件保存成"倒计时.fla"文件。如果要导出 Flash 的播放文件,执行"文件"→"导出"→"导出影片"命令,效果如图 2-1-8 所示。

图 2-1-8

知识链接

元　件

在 Flash 中元件是一种特殊的对象。在创作动画影片的时候,常常要制作很多的对象,而且往往会多次利用到这些对象,这时我们可以将这些对象转换为元件,在使用的时候,可直接在库中拖动需要的元件到场景中。使用元件可以加快影片的播放速度,因为元件只需被下载到 Flash Player 一次;使用元件还可以减少影片文件的体积,重复调用一个元件比将元件复制粘贴的形式所占用的存储空间要小得多。合理使用元件,可以提高工作效率。

1. 元件的类型

在 Flash 中元件分为以下三种类型。

1)图形元件(Graphic):是可以重复使用的静态图像,或连接到主影片时间轴上的可重复或单次播放的动画片段,图形元件与影片的主时间轴同步播放。在舞台中或图形元件内不能添加动画语句,并且在图形元件内不能添加声音。

2)影片剪辑元件(MoveClip):可以理解为动画片段,可以完全独立于主场景时间轴,并且可以重复播放。在编辑影片剪辑元件时可以添加动画语句或者声音,在舞台中的影片剪辑还可以添加动作语句来控制影片剪辑的播放。

3)按钮元件(Button):是一个只有 4 帧的影片剪辑,它的时间轴需要根据鼠标指针的动作做出相应的播放,通过给舞台上的按钮实例添加动作语句而实现 Flash 影片强大的交互性。

元件和元件之间允许嵌套，即将一个元件放到另一个元件当中。

2．创建元件

在 Flash 中创建元件可以分为两种方式，一种是直接创建元件；另一种是选中制作好的对象，将其转换为元件。

（1）新建元件

新建元件的具体方法如下：

01 新建一个 Flash 文档，在菜单中执行"插入"→"新建元件"命令，弹出"创建新元件"对话框，如图 2-1-9 所示。

图 2-1-9

02 在"名称"文本框中可为元件命名，在类型选项中可选择一种需要的类型。

03 设置完毕后，单击"确定"按钮即可进入元件的编辑场景。

04 编辑结束后单击"返回"按钮，即可回到主场景。

可在库中找到此元件，可将其拖动到场景中使用。若想再次编辑元件，直接在场景中或库中双击此元件，即可进入元件的编辑界面。

（2）转换为元件

转换为元件的具体操作方法如下：

01 在场景中选中需要转换为元件的对象，执行"修改"→"转换为元件"命令，或在选中的对象上右击，并在弹出的快捷菜单中选择"转换为元件"选项，如图 2-1-10 所示，弹出"转换为元件"对话框，如图 2-1-11 所示。

图 2-1-10

图 2-1-11

02 在"名称"文本框中可为元件命名，在类型选项中可选择一种需要的类型，完成后单击"确定"按钮即可。

3. 库面板

在 Flash 中，库是用来存储和管理文件、位图、声音和视频等素材的地方。执行"窗口"→"库"命令（或按 **F11** 键）即可打开"库"面板。

"库"面板中的各操作按钮的功能含义如下：

"切换排序顺序"按钮 ▲：单击此按钮可改变库中各元件的排列顺序。

"新建元件"按钮 ⊕：单击此按钮可弹出"创建新元件"对话框，设置名称和类型后，单击"确定"按钮可新建一个元件。

"新建文件夹"按钮 ▢：单击此按钮可在库中新建一个文件夹，以便分类管理库中的元件及素材。

"属性"按钮 ⓘ：选择库中的元件或素材后，单击此按钮可弹出"元件属性"，对话框，在此对话框中可查看或修改其属性。

"删除"按钮 🗑：单击此按钮可删除选中的元件、素材或文件夹。

4. 实例

实例是元件在动画中的具体应用，可以在文件的任何地方创建元件的实例。

（1）创建实例

将舞台中的对象转换为元件之后，该对象也将随之成为元件的一个实例。在 Flash 中，实例只能被添加到关键帧中。操作步骤如下：

01 在时间轴上选择需要添加实例的关键帧。

02 执行"窗口"→"库"命令，打开"库"面板。

03 在库中选中要创建实例的元件。

04 将其按住并拖动到舞台中，这就是一个实例。

（2）更改实例的属性

每个实例都有自己独立于元件的属性，即更改某一实例，与该实例相对应的元件并不改变，其他实例也不受任何影响。大家可以更改它们的颜色、亮度、透明度、行为方式、播放特性等属性，单击"颜色"下拉按钮即可弹出"颜色"下拉列表，如图 2-1-12 所示。

图 2-1-12

任务小结

　　本次任务主要讲解如何制作倒计时的效果，并且在制作过程中，学习元件的制作方法及属性的设置方法，从而掌握库中元件的使用与编辑。

课后实训

绘制美丽的星空

【实训要求】

1. 熟练运用各种绘图工具。
2. 掌握如何新建元件、转换元件，以及编辑元件。
3. 熟悉 Flash 软件的工作环境及界面。
4. 掌握库面板的使用。
5. 掌握 Flash 绘制动画的基本过程及色彩搭配。

星空效果如图 2-1-13 所示。

图 2-1-13

【评价标准】

1. 能否在库中看到整个作品中元件的基本元素。
2. 元件的制作是否合理。
3. 库面板使用与编辑是否熟练。
4. 在制作过程中，基本工具的用法是否正确。

【实训评价】

　　教师认真做好学生作品的评价工作，指出学生在操作过程中出现的问题，并做好点评及讲评。

任务 **2.2** 制作跷跷板

◎ 任务描述

　　本任务主要学习跷跷板的制作，通过绘制两只兔子在玩跷跷板游戏，让同学们理解并掌握如何通过元件来制作一个实例效果，并将元件存放在库里面，当我们使用元件的时候可以随时从库中获取元件，从而让学生能够真正理解元件、实例和库这三者之间的关系。实例效果如图 2-2-1 所示。

图 2-2-1

◎ 技能要点

- 背景图及跷跷板的绘制。
- 小兔子的创建方法。
- 原件的制作方法。
- 跷跷板的制作方法。

 任务实施

　　01 新建一个默认大小的 Flash 文档。画天空背景，用"矩形工具"画一个矩形，在"对齐"面板中使"相对于舞台"按钮处于按下状态，单击"匹配宽和高"按钮 ，最后单击"垂直中齐"和"水平中齐"按钮。与舞台对齐之后给矩形设置从白色到天蓝色的渐变，方式为"线性"，如图 2-2-2 所示。

　　02 绘制草地：画一个草绿色的矩形，在"对齐"面板中与舞台"匹配宽度"并"底对齐"。

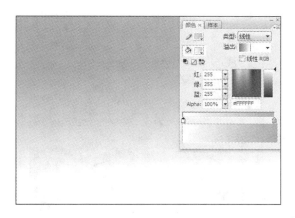

图 2-2-2

03 用"选择工具"在草地的线条上拖拉以调整为自然的曲线，如图 2-2-3 所示。

图 2-2-3

04 绘制跷跷板的基座：先用"钢笔工具"画出图 2-2-4 所示的三角形，在任意两点间单击即可画出直线。

图 2-2-4

05 用"选择工具"将三角形调整为图 2-2-5 所示的形状，并填充橙色"#FF9900"。

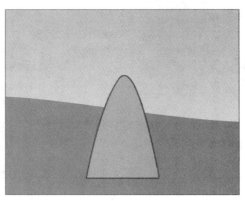

图 2-2-5

06 用"椭圆工具"在基座上画出图 2-2-6 所示的小椭圆，将基座一起选中，按快捷键 **Ctrl** + **G** 组成群组，如图 2-2-6 所示。

图 2-2-6

07 绘制杠杆：按快捷键 **Ctrl** + **F8** 新建一个元件，命名为"杠杆"。用"矩形工具"画出图 2-2-7 所示的长条矩形，使杠杆与基座上的圆圈齐平，并与基座水平中齐，如图 2-2-7 所示。至此跷跷板的制作已完成。

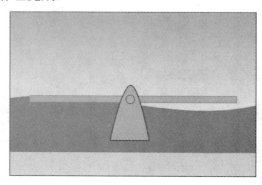

图 2-2-7

08 按快捷键 Ctrl + F8 新建一个元件，命名为"兔子"。用"椭圆工具"画一个椭圆作为兔子的头，填充从白色到粉红"#FF99FF"的渐变，类型为"放射状"。用填充变形工具调整渐变的位置，如图 2-2-8 所示。

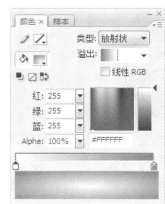

图 2-2-8

09 绘制身体：按快捷键 Ctrl + D 复制椭圆，用"任意变形工具"调整椭圆到图 2-2-9 所示形状，并用填充变形工具调整渐变的位置。通过快捷菜单中的"排列"可以调整各个椭圆图层的位置。

10 绘制腿：按快捷键 Ctrl + D 再次复制椭圆，用"任意变形工具"调整椭圆到图 2-2-10 所示形状，并用填充变形工具调整渐变的位置。

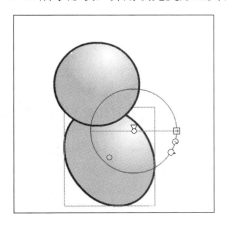
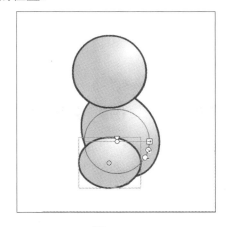

图 2-2-9　　　　　　　　　　　　　　　　　　图 2-2-10

11 绘制脚：按快捷键 Ctrl + D 复制椭圆，用"任意变形工具"调整椭圆到图 2-2-11 所示形状，填充纯粉色。

12 绘制尾巴：按快捷键 Ctrl + D 复制椭圆，用"任意变形工具"调整椭圆到图 2-2-12 所示形状，并用填充变形工具调整渐变的位置，如图 2-2-12 所示。

13 绘制胳膊：按快捷键 Ctrl + D 复制椭圆，用"任意变形工具"调整椭圆到图 2-2-13 所示形状，并用填充变形工具调整渐变的位置，如图 2-2-13 所示。

图 2-2-11

图 2-2-12

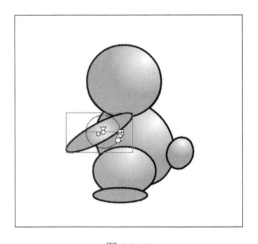

图 2-2-13

14 按快捷键 **Ctrl** + **D** 复制出另一只胳膊，填充纯粉色，放在身体最下层，如图 2-2-14 所示。

图 2-2-14

15 按快捷键 *Ctrl* + *D* 复制一只胳膊作为耳朵，用"任意变形工具"调整形状，并用填充变形工具调整渐变的位置，如图 2-2-15 所示。

图 2-2-15

16 按快捷键 *Ctrl* + *D* 复制出另一只耳朵，填充纯粉色，用"任意变形工具"调整好角度后放在身体最下层，如图 2-2-16 所示。

图 2-2-16

17 绘制眼睛：用"椭圆工具"画出图 2-2-17 所示小椭圆，填充白色。

图 2-2-17

18 用"椭圆工具"画出图 2-2-18 所示的黑色眼珠。

图 2-2-18

19 绘制鼻子：用"椭圆工具"画出图 2-2-19 所示小椭圆，填充红色。

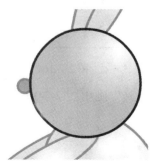

图 2-2-19

20 绘制嘴巴：用"线条工具"在兔子脸上画出图 2-2-20 所示三角形。

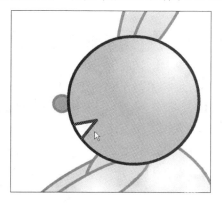

图 2-2-20

21 用"选择工具"将线条调整为图 2-2-21 所示曲线，然后填充红色。

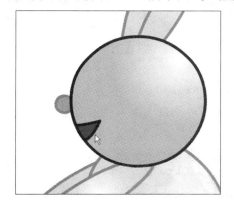

图 2-2-21

22 用"矩形工具"在兔子前面画一块跷跷板的扶手，如图 2-2-22 所示，兔子元件完成。

图 2-2-22

23 回到场景中，将画好的兔子元件拖到"舞台"，放在跷跷板上，如图 2-2-23 所示位置。

图 2-2-23

24 复制一个兔子，执行"修改"→"变形"→"水平翻转"命令，放在跷跷板另一边。在"对齐"面板中将两只兔子"垂直中齐"，并按快捷键 **Ctrl**＋**G** 组成群组，如图 2-2-24 所示。

图 2-2-24

25 把兔子和杠杆都放在"杠杆"层，并将它们全部群组。基座独占一层，草地和天空各占一层，如图 2-2-25 所示。

图 2-2-25

26 在各个图层的第 18 帧处都按 **F5** 键插入帧，表示画面延续到这一帧。选中"杠杆"层的第 1 帧，使用"任意变形工具"，先将变形中心点移动到鼠标指针所指的位置，即基座上的圆圈中心点处，然后将杠杆和兔子一起旋转到图 2-2-26 所示位置。

图 2-2-26

27 选中"杠杆"层第 1 帧，右击，在弹出的快捷菜单中选择"复制帧"选项，然后在第 15 帧和第 30 帧处右击，在弹出的快捷菜单中选择"粘贴帧"选项，分别添加动画补间，如图 2-2-27 所示。

图 2-2-27

28 选中第 15 帧，将杠杆和兔子一起旋转到图 2-2-28 所示位置，制作完成。测试影片。

图 2-2-28

任务小结

本次任务主要通过制作跷跷板的实例来反复学习元件、库、实例等知识点的运用，从而达到举一反三的学习效果。

课后实训

绘制阴影风车

【实训要求】

1. 熟悉各种类型元件的制作方法。

2. 掌握新建元件、转换元件，以及编辑元件的方法。

3. 掌握库面板的使用。

4. 灵活运用元件和实例，体会它们存在的作用。

风车效果如图 2-2-29 所示。

图 2-2-29

【评价标准】

1. "库"面板的使用与编辑是否熟练。

2. 各种元件的制作方法是否熟练掌握。

3. 在阴影风车制作中，基本工具的用法是否熟练。

【实训评价】

教师认真做好学生作品的评价工作，指出学生在操作过程中出现的问题，并做好点评及讲评。

任务 2.3 制作穿过树林的小火车

◎ 任务描述

　　"穿过树林的小火车"主要由背景、树和小火车等元件构成。静态的图像可以通过图形元件来完成，而动态的图像则通过影片剪辑元件来完成。在这个实例当中我们能很清楚区别元件、库和实例等元素。小火车效果如图 2-3-1 所示。

图 2-3-1

◎ 技能要点

- "背景"图形元件的制作。
- "云、树、轨道"图形元件的制作。
- 新建元件与转换元件的方法。
- "颜色"面板的使用。
- 图形对象的缩放。

任务实施

1. 制作"背景"图形元件

　　01 创建一个新的 Flash 文档，设置"舞台"大小为 600*400（像素），背景为白色。

　　02 执行"插入"→"新建元件"命令，弹出"创建新元件"对话框，设置元件名称为"背景"，元件类型为"图形"，单击"确定"按钮，进入图形元件编辑界面。

03 使用"矩形工具"绘制个长方形，大小为 600 像素*400 像素，填充色为#0066FD、#FFFFFF、#996600、#FFCC00 的线性渐变，用填充变形工具调整颜色方向，"背景"绘制完成。

2．制作"云、树、轨道"图形元件

01 在"舞台"的其他地方，用"椭圆工具"绘制三个叠加在一起的椭圆，按快捷键 **Ctrl** ＋ **G** 组合起来，右击，在弹出的快捷菜单中选择"转换为元件"选项。

02 按 **Ctrl** 键，复制多朵白云，用"任意变形工具"调整云朵的大小、形状等，选中其中两朵，调整 Alpha 值到 50%，并调整云朵的位置。

03 使用"铅笔工具"和"刷子工具"完成树木的制作，如图 2-3-2 所示。按住 **Ctrl** 键，复制几颗树木，用"任意变形工具"调整树木的大小及位置。

04 使用"矩形工具"绘制轨道，最终完成"背景"图形元件的制作，如图 2-3-3 所示。

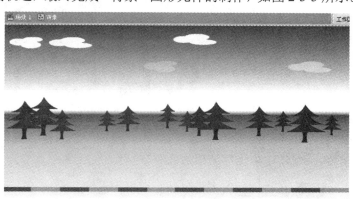

图 2-3-2　　　　　　　　　　　　　　　　　　图 2-3-3

05 执行"插入"→"新建元件"命令，弹出"创建新元件"对话框，设置元件名称为"树 2"，元件类型为"图形"，单击"确定"按钮，进入图形元件编辑界面。

06 使用"线条工具"、"铅笔工具"和"选择工具"完成"树 2"的制作，并给树填充颜色，如图 2-3-4 所示。

3．制作"车身"的图形元件

01 执行"插入"→"新建元件"命令，弹出"创建新元件"对话框，设置元件名称为"车身"，元件类型为"影片剪辑"，单击"确定"按钮，进入影片剪辑元件编辑界面。

02 使用"线条工具"、"铅笔工具"和"选择工具"完成"车身"的制作，并给车身填充颜色，如图 2-3-5 所示。

03 第 5 帧插入关键帧，调整烟囱的样子及烟的效果，如图 2-3-6 所示。

图 2-3-4

图 2-3-5   图 2-3-6

04 第 10 帧插入关键帧，调整烟囱的样子及烟的效果，如图 2-3-7 所示。

图 2-3-7

4. 制作"车轮"的图形元件

01 执行"插入"→"新建元件"命令，弹出"创建新元件"对话框，设置元件名称为"车轮"，元件类型为"影片剪辑"，单击"确定"按钮，进入影片剪辑元件编辑界面。

02 使用"椭圆工具"和"线条工具"绘制车轮，如图 2-3-8 所示。打开"对齐"面板，将"车轮"置于舞台中间，第 20 帧插入关键帧或按 **F6** 键，创建补间动画。选中第 1 帧，打开"属性"面板，设置顺时针旋转 1 次，如图 2-3-9 所示。

图 2-3-8   图 2-3-9

5. 制作"火车"的影片剪辑元件

01 执行"插入"→"新建元件"命令，弹出"创建新元件"对话框，设置元件名称为"火车"，元件类型为"影片剪辑"，单击"确定"按钮，进入影片剪辑元件编辑界面。

02 按快捷键 **Ctrl** + **L**，打开"库"面板，分别将"车身"和"车轮"拖到舞台，再用"椭圆工具"和"线条工具"，画三个小圆和一根直线，将车身和车轮连起来，这样完成了火车的制作，如图 2-3-10 所示。

图 2-3-10

6. 把元件放到"舞台"，完成动画

01 单击"场景1"按钮，回到主场景，将"背景"元件拖到"舞台"，按 **Ctrl** 键再将"背景"复制一次，调整其位置，第 90 帧插入关键帧，创建补间动画，向右移动"背景"的位置。

02 新建图层 2。将"火车"元件拖到"舞台"，调整其位置在轨道的上方，第 90 帧插入关键帧，创建补间动画，向左移动"火车"的位置。

03 新建图层 3。将"树 2"元件拖到"舞台"，按 **Ctrl** 键再将"树 2"复制几次，调整每棵树的位置，第 90 帧插入关键帧，创建补间动画，向右移动"树 2"的位置。时间轴如图 2-3-11 所示。

图 2-3-11

7. 测试影片

执行"文件"→"保存"命令，或按快捷键 **Ctrl** + **S**，以"穿过树林的小火车.fla"为名保存文件。执行"控制"→"测试影片"命令，或按快捷键 **Ctrl** + **Enter**，预览动画效果。

任务小结

通过制作"穿过树林的小火车"动画，进一步掌握图形元件和影片剪辑元件的创建与编辑等，熟悉库的使用及变化方式。

课后实训

制作"堆雪人"动画

【实训要求】

1. 熟练运用各种绘图工具。
2. 能在规定的时间内运用绘图工具制作出元件。
3. 掌握库的使用与编辑技巧。
4. 掌握 Flash 绘制动画的基本过程及色彩搭配。

"堆雪人"效果如图 2-3-12 所示。

图 2-3-12

【评价标准】

1. 作品线条是否流畅。
2. 在库中每个元件的创建是否清晰。
3. 作品的色彩搭配是否和谐。
4. 在"堆雪人"的制作中，元件与元件之间的转换是否熟练。
5. 整个动画播放流程是否与效果图基本接近。

【实训评价】

　　教师认真做好学生作品的评价工作，指出学生在操作过程中出现的问题，并做好点评及讲评。

3

项 目

创建补间动画

>>>>>

◎ **项目导读**

　　通过前面项目的学习，我们已经能够将生活中的景物用 Flash 描绘出来，形成一幅完整的画面。但是我们能不能让画面更加生动起来呢？能不能让场景中的人和物动起来，实现各种各样运动的效果，甚至实现一些炫目神奇的效果？

　　从本项目开始，将带着大家认识动作补间动画、形状补间动画，以及后面项目中的逐帧动画、遮罩动画和引导动画。通过对这些基本动画的创建，再现生活中的各类场景，让 Flash 动画来源于生活，高于生活。

◎ **学习目标**

- 掌握动画制作的基本原理。
- 掌握基础形状补间动画的制作。
- 掌握基础动作补间动画的制作。
- 了解动作补间与形状补间的区别。

◎ **学习任务**

- 创建动作补间动画——笑掉大牙。
- 制作倒影文字效果。
- 创建"超级变变变"动画。
- 创建形状补间动画——庆祝国庆。

任务 **3.1** 创建动作补间动画——笑掉大牙

◎ 任务描述

　　本任务为创建动作补间动画，要求同学们通过 Flash 软件，制作一个卡通人物"笑掉大牙"的动画效果。通过本任务的学习，同学们能够将生活中的很多动画效果通过补间动画来实现，通过对元件的大小、位置、颜色、透明度、旋转等属性的设置，配合其他的手法，做出令人称奇的仿 3D 的效果来。本任务"笑掉大牙"的效果如图 3-1-1 所示。

图 3-1-1

◎ 技能要点

- 动作补间动画的制作。
- 元件渐隐效果的设置。

 任务实施

01 新建一个 300 像素*300 像素的文档，选择"椭圆工具"，设置"笔触颜色"为棕色，"填充颜色"为黄色，按住 *Shift* 键画一个正圆，如图 3-1-2 所示。

02 在"颜色"面板中将填充改为"放射状"，在渐变条中设置由浅至深的三个黄色色块，再用"任意变形工具"调整渐变到如图 3-1-3 所示。

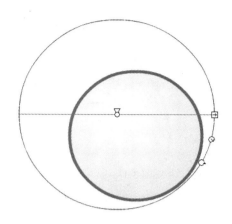

图 3-1-2　　　　　　　　　　　　　　　　　　图 3-1-3

03 用"选择工具"选中整个椭圆，按 **F8** 键转换为元件，命名为"face"，在"属性"面板中选择"滤镜"选项卡，添加投影效果，如图 3-1-4 所示。

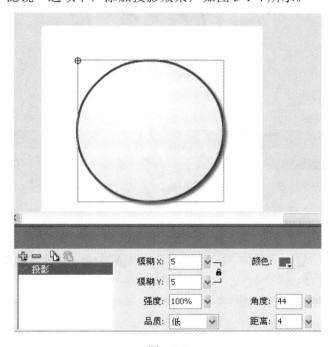

图 3-1-4

04 新建一个图层命名为"eyes"，用"钢笔工具"画一个月牙形的眼睛，如图 3-1-5 所示。

05 设填充为黑色，单击"选择工具"按钮，再按 **Alt** 键拖动复制出另一个眼睛，如图 3-1-6 所示。

图 3-1-5   图 3-1-6

06 选中两个眼睛，按快捷键 **Ctrl** + **G** 组合后，按 **F8** 键转换为元件，命名为"eyes"。在"属性"面板中选择"滤镜"选项卡，添加斜角效果，如图 3-1-7 所示。

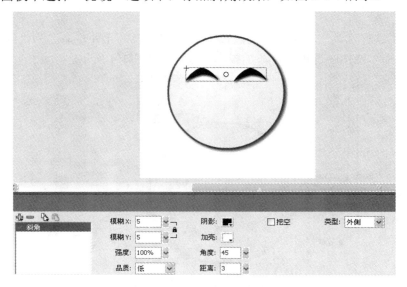

图 3-1-7

07 新建一个图层，命名为"mouth"，用"椭圆工具"画出图 3-1-8 所示椭圆，无填充，"笔触颜色"为棕色。

08 用"矩形工具"画出图 3-1-9 所示矩形，与椭圆相交。

图 3-1-8   图 3-1-9

09 用"选择工具"选中多余的部分，进行删除，剩下的就是嘴巴了，如图 3-1-10 所示。

10 用"任意变形工具"将嘴巴调整到合适的大小和形状，如图 3-1-11 所示。

图 3-1-10

图 3-1-11

11 选择"铅笔工具"，设置"笔触颜色"为棕色，宽度为 5，按住 *Shift* 键，在嘴巴上画出几条竖线表示牙齿，如图 3-1-12 所示。

12 选择"颜料桶工具"，设置"填充颜色"为白色，将牙齿全部填白，如图 3-1-13 所示。

图 3-1-12

图 3-1-13

13 选中嘴巴的各个部分，按 *F8* 键转换为元件，命名为"mouth1"，如图 3-1-14 所示。

图 3-1-14

14 在"属性"面板中选择"滤镜"选项卡，给嘴巴添加如图 3-1-15 所示的投影效果。

图 3-1-15

15 将画布上所有组件一起选中，按 **F8** 键转换为元件，命名为"smile1"，如图 3-1-16 所示。

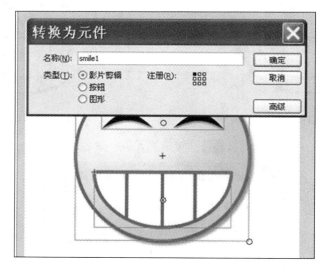

图 3-1-16

16 在"库"面板中双击"smile1"的预览图进入编辑元件界面继续编辑。在第 2 帧 处按 **F6** 键添加一个关键帧。选中"嘴巴"，按键盘上向上的方向键 5 下，这样两帧上的"嘴巴"就错开了，连续播放时就会形成上下颤动的大笑了，如图 3-1-17 所示。

图 3-1-17

17 在"库"面板中右击"mouth1"，在弹出的快捷菜单中选择"直接复制"选项，弹出"直接复制元件"对话框，将复制出的副本命名为"mouth2"，如图 3-1-18 所示。

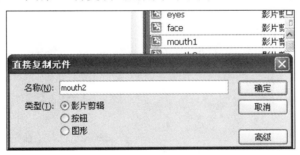

图 3-1-18

18 在"库"面板中双击"mouth2"的预览图，进入编辑界面进行修改。用"选择工具"选中一颗牙齿，在"属性"面板中将"填充颜色"设置为黑色，如图 3-1-19 所示。

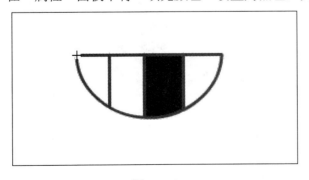

图 3-1-19

19 在"库"面板中右击"smile1",在弹出的快捷菜单中选择"直接复制"选项,弹出"直接复制元件"对话框,将复制出的副本命名为"smile2"。这个用来做缺了牙的笑脸,如图 3-1-20 所示。

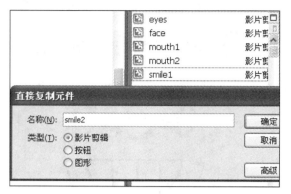

图 3-1-20

20 在"库"面板中双击"smile2"的预览图,进入元件编辑界面。在两帧上都将原有嘴巴删除,把元件库中的 mouth2 拖进来放在脸上。与步骤 16 一样,两个关键帧上的嘴巴应该上下错开,如图 3-1-21 所示。

图 3-1-21

21 进入场景编辑界面,将第一层命名为"smile1",将"smile1"拖进来,在"对齐"面板中设置相对于舞台居中对齐,如图 3-1-22 所示。

22 在第 8 帧处按 *F6* 键插入一个关键帧,如图 3-1-23 所示。

图 3-1-22

图 3-1-23

23 新建一个图层，命名为"smile2"，在第 9 帧处按 **F6** 键插入一个关键帧，将元件"smile2"拖进来，也在"对齐"面板中设置相对于舞台居中对齐，如图 3-1-24 所示。

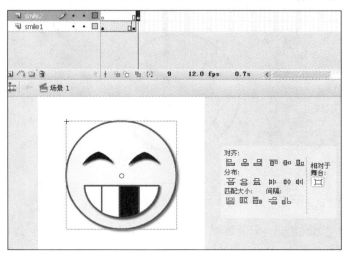

图 3-1-24

24 在第 18 帧处按 **F6** 键插入一个关键帧，如图 3-1-25 所示。

图 3-1-25

25 新建一个图层，命名为"tooth"，在第 9 帧处插入一个关键帧，用"矩形工具"画出图 3-1-26 所示矩形，"笔触颜色"为黑色，"填充颜色"为白色，作为即将掉落的牙齿，如图 3-1-26 所示。

图 3-1-26

26 在第 18 帧处插入一个关键帧，将牙齿拖到画布以外，再创建补间动画。在"属性"面板中将"旋转"设置为"顺时针"1 次，如图 3-1-27 所示。

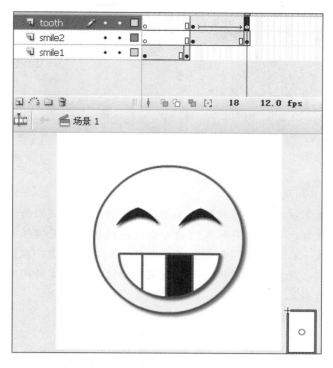

图 3-1-27

27 测试存盘。执行"控制"→"测试影片"命令，观察动画效果。执行"文件"→"保存"命令，将文件保存成"笑掉大牙.fla"文件。如果要导出 Flash 的播放文件，执行"文件"→"导出"→"导出影片"命令。

> **知识链接**
>
> 动作补间动画相关知识
>
> 1. 动作补间动画的概念
>
> 在 Flash 的时间帧面板上，在一个关键帧放置一个元件，然后在另一个关键帧改变这个元件的大小、颜色、位置、透明度等，Flash 根据两者之间的帧的值创建的动画被称为动作补间动画。
>
> 2. 构成动作补间动画的元素
>
> 构成动作补间动画的元素是元件，包括影片剪辑、图形元件、按钮等。除了元件，其他元素包括文本都不能创建补间动画，其他的位图、文本等都必须要转换成元件才行，只有把形状"组合"或者转换成"元件"后才可以做"动作补间动画"。
>
> 3. 动作补间动画在时间帧面板上的表现
>
> 动作补间动画建立后，时间帧面板的背景色变为淡紫色，在起始帧和结束帧之间有一个长长的箭头，如图 3-1-28 所示。

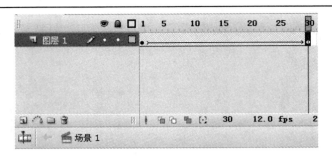

图 3-1-28

4. 创建动作补间动画的方法

在时间轴面板上动画开始播放的地方创建或选择一个关键帧并设置一个元件，一帧中只能放一个项目，在动画要结束的地方创建或选择一个关键帧并设置该元件的属性，再单击开始帧，在"属性"面板上单击"补间"下拉按钮，在弹出的下拉列表中选择"动作"选项，或右击，在弹出的快捷菜单中选择"新建补间动画"选项，就建立了"动作补间动画"。

5. 认识动作补间动画的属性面板

在时间线"动作补间动画"的起始帧上单击，帧属性面板会变成如图 3-1-29 所示。

图 3-1-29

（1）"简单"选项

在"0"边有个滑动拉杆按钮 ▾，单击后上下拉动滑杆或填入具体的数值，补间动作动画效果会以下面的设置做出相应的变化：

在 1 到 −100 的负值之间，动画运动的速度从慢到快，朝运动结束的方向加速补间。在 1～100 的正值之间，动画运动的速度从快到慢，朝运动结束的方向减慢补间。默认情况下，补间帧之间的变化速率是不变的。

（2）"旋转"选项

有四个选择，选择"无"，禁止元件旋转；选择"自动"可以使元件在需要最小动作的方向上旋转对象一次；选择"顺时针"或"逆时针"，并在后面输入数字，可使元件在运动时顺时针或逆时针旋转相应的圈数。

（3）"调整到路径"复选框

将补间元素的基线调整到运动路径，此项功能主要用于引导线运动。

（4）"同步"复选框

使图形元件实例的动画和主时间轴同步。

（5）"贴紧"复选框

可以根据其注册点将补间元素附加到运动路径，此项功能主要也用于引导线运动。

任务小结

通过本任务的学习，同学们会发现，制作动画并不难。动作补间是最基础的动画，也是实现动画的原理所在。通过本任务的学习，要理解形状补间和动画补间的区别。

课后实训

绘制卡通娃娃 360 度转身

【实训要求】

1. 知道动作补间动画的制作原理。
2. 熟练掌握元件动画的创建与编辑方法。
3. 熟练掌握元件的基本操作。

卡通娃娃效果如图 3-1-30 所示。

图 3-1-30

【评价标准】

1. 使用动作补间动画制作卡通娃娃 360 度转身的动画效果是否与效果图接近。
2. 卡通娃娃的绘制是否正确。
3. 卡通娃娃转身效果是否合理。

【实训评价】

教师认真做好学生作品的评价工作，指出学生在操作过程中出现的问题，并做好点评及讲评。

制作倒影文字效果

◎ **任务描述**

　　本任务的内容是制作倒影文字效果。创建该动画的重点是文本的制作，要求掌握文本的三种类型、创建文本的方法、文本属性的设置及静态文本中字体动态效果的制作。通过本任务的学习，要求同学们通过 Flash 软件制作出网页中常见的字体的动画效果及字体效果，如常见的字体跳跃效果、变色文字、卡通文字、斜体字、模糊字等，使文字动画更加丰富多彩。"倒影文字"效果如图 3-2-1 所示。

图 3-2-1

◎ **技能要点**

- 动作补间动画的制作。
- 影片剪辑元件的制作。
- 文本的创建方法及属性的设置。
- 文本滤镜效果的制作。

任务实施

　　01 创建一个新的 Flash 文档，设置"舞台"大小为 600*300（像素），执行"文件"→"导入"→"导入到舞台"命令，将背景图片导入到舞台，如图 3-2-2 所示。

　　02 新建"影片剪辑"元件，名为"字动"。在影片剪辑舞台中，用文本工具 T 输入静态文本"明智科技创造未来"，设置字体为黑体，字号为 60，颜色为白色，将文本对齐于舞台中央，调整一定的字符间距，如图 3-2-3 所示。

图 3-2-2

图 3-2-3

03　选中文本，按快捷键 **Ctrl** ＋ **B**，将文本打散，执行"修改"→"时间轴"→"分散到图层"命令，将文本分散到不同的图层中，如图 3-2-4 所示。

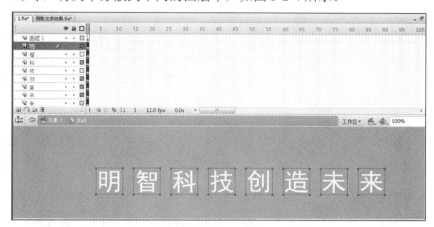

图 3-2-4

04　选中"明"字文本，在时间轴第 5 帧插入关键帧，第 5 帧上选中"明"字按住 **Shift** ＋↑键将此文字向上移 12 次，在第 10 帧上再插入关键帧，第 15 帧上又按住 **Shift** ＋↓键将此文字原地向下移 12 次，回到起点位置，创建动画补间。

05　其他的字体做上述同样的动作，完成后如图 3-2-5 所示。

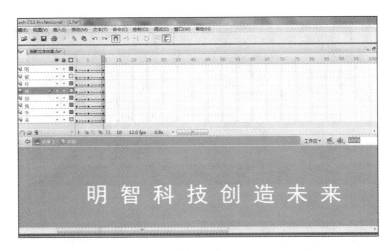

图 3-2-5

06 为了产生一种延时效果，将后面的字体选中第 1 个关键帧依次向后面延时 2 或 3 帧，如图 3-2-6 所示，这样就产生了字体的跳跃效果。

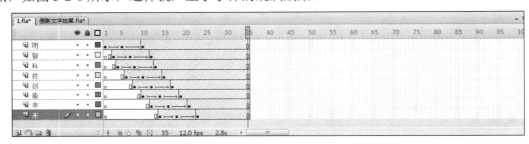

图 3-2-6

07 回到场景中，将影片剪辑元件拖到舞台合适的位置。

08 再拖出一个"字动"元件放到对应文字的下方，将其透明度设置为 30%，再将其选中，执行"修改"→"变形"→"垂直翻转"命令，产生水中倒影的效果，如图 3-2-7 所示。

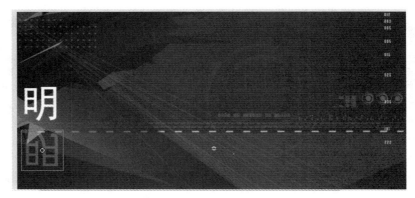

图 3-2-7

09 执行"文件"→"保存"命令，或按快捷键 `Ctrl`＋`S`，以"倒影文字效果.fla"
保存文件。

执行"控制"→"测试影片"命令，或按快捷键 `Ctrl`＋`Enter`，预览动画效果。

知识链接

文本的类型及设置

1. 文本的类型

文本能够准确、迅速地传递信息，因此用户常常将其添加到 Flash 动画中，以便
突出动画的主题。文本分为静态文本、动态文本、输入文本三种类型。

1）静态文本：指在动画制作阶段创建，在动画播放阶段不能改变的文本，它是
Flash 中默认的文本格式。

2）动态文本：一种交互式的文本对象，会随着文本的输入而不断更新，这种文本
允许用户随时进行更新。

3）输入文本：指在动画播放阶段可以接受用户的输入操作，产生交互功能的文
本，如用户名、密码、电子邮件地址、搜索关键词等，常用于表单和调查表中。

2. 文本工具的功能

文本工具主要是在 Flash 中用于输入文本的工具，如图 3-2-8 所示。

单击"文本工具"按钮后，在场景中任意一处单击，当出现文本框，光标处于闪
动状态时，便可输入文本了，如图 3-2-9 所示。

图 3-2-8

课堂

图 3-2-9

3. 字体的属性的介绍

选中文字后，可进行以下设置，对照图 3-2-10，由左依次往右介绍如下。

图 3-2-10

1） T 静态文本 文本类型：有静态文本、动态文本和输入文本三种类型。

2） 宽:268.2 X:90.4 选区宽度：表示该文本所有文字内容所占的位置大小。
高: Y:135.0

3） A 黑体 120 B I 字体常规设置：分别是字体、字体大小、文本填充颜色、切换粗体、切换斜体、四种对齐方式、编辑字体选项、改变字体方向等设置。

4） AV 13 字母间距：可以在该项设置文字各字之间的距离。

5） A⁴ 一般 字符位置：有一般、上标和下标三种类型。

6） 可读性消除锯齿 字体呈现方式：有使用设备字体、位图文本、动画消除锯齿、可读性消除锯齿和自定义消除锯齿五种方式。

4. 滤镜效果的设置

01 执行"窗口"→"属性"→"滤镜"命令，打开"滤镜"面板，如图3-2-11所示。

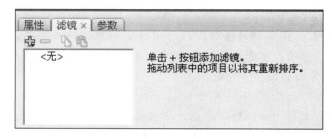

图 3-2-11

02 单击滤镜设置面板中的"添加滤镜"按钮 ➕，便可对对象进行设置。

常用滤镜包括投影、模糊、发光、斜角、渐变发光、渐变斜角、调整颜色，如图 3-2-12 所示。

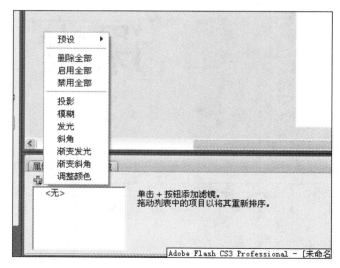

图 3-2-12

任务小结

通过本任务的学习，同学们会发现文字的动画效果有广泛的应用性，配合网页会起到不可估量的效果。通过文字动画的创作，大家充分地学习了文本的创建方法及属性的设置方法，理解了文字实现动画的真正原理，文字动作补间也是最基础的动画，希望大家能发挥自己的想象力和创造力，制作出更多的文字补间动画效果。

课后实训

制作艺术文字效果

【实训要求】

1. 知道文本动画的制作原理。
2. 掌握文本元件动画的创建及技巧。
3. 能够制作文本滤镜效果。
4. 掌握文本属性的设置及编辑方法。

艺术文字效果如图 3-2-13 所示。

图 3-2-13

【评价标准】

1. 使用"文本工具"创建字体属性的操作是否熟练。
2. 是否能够正确使用"颜色"面板。
3. 是否能够制作柔化边缘效果。
4. 是否掌握滤镜效果的制作方法。

【实训评价】

教师认真做好学生作品的评价工作，指出学生在操作过程中出现的问题，并做好点评及讲评。

 创建 "超级变变变" 动画 ----------

◎ **任务描述**

　　形状补间动画是 Flash 中非常重要的表现手法之一，运用它可以变幻出各种奇妙的不可思议的变形效果。本任务从形状补间动画基本概念入手，要求掌握形状补间动画在时间帧上的表现，了解补间动画的创建方法，学会应用 "形状提示" 让图形的形变自然流畅。本任务要制作的实例效果如图 3-3-1 所示。

图 3-3-1

◎ **技能要点**

- 形状补间动画的创建方法。
- 形状提示的运用。

任务实施

01 创建一个新 Flash 文档，设置舞台大小为 550 像素*300 像素，背景为黑色（#000000）。

02 分别选择第 1 帧、第 15 帧、第 30 帧、第 45 帧，右击，在弹出的快捷菜单中选择 "插入空白关键帧" 选项，或按 **F7** 键。

03 选择第 1 帧，选择工具箱中的 "多角星形工具" ⬡ ，设置铅笔笔触为无 ✎ ，填充颜色为玫瑰色（#FF00FF）。打开多角星形工具的 "属性" 面板，如图 3-3-2 所示。单击 "选项" 按钮，弹出 "工具设置" 对话框，设置样式为 "星形"，边数为 5，星形顶点大小为 0.5，如图 3-3-3 所示。单击 "确定" 按钮，在舞台上绘制一个五角星，如图 3-3-4 所示。

图 3-3-2

图 3-3-3　　　　　　　　　　　　　　　　　　图 3-3-4

04　执行"窗口"→"对齐"命令，或按快捷键 *Ctrl* ＋ *K*，打开"对齐"面板，使五角星相对于舞台居中。

05　选择第 15 帧，选择工具箱中的"矩形工具" ，设置铅笔笔触为无 ，填充颜色为天蓝色（#00FFFF），按住 *Shift* 键，在舞台上绘制一个正方形。

06　执行"窗口"→"变形"命令，打开"变形"面板，设置旋转 45 度，如图 3-3-5 和图 3-3-6 所示。

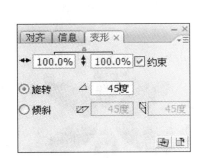

图 3-3-5　　　　　　　　　　　　　　　　　　图 3-3-6

07　执行"窗口"→"对齐"命令，或按快捷键 *Ctrl* ＋ *K*，打开"对齐"面板，使五角星相对于舞台中心水平对齐。

08　选择第 30 帧，选择工具箱中的"椭圆工具"，设置铅笔笔触为无 ，填充颜色为绿色（#3300CC），起始角度为 20，内径为 30，绘制个带缺口的环，如图 3-3-7 和图 3-3-8 所示。

图 3-3-7

09 执行"窗口"→"对齐"命令，或按快捷键 *Ctrl* + *K*，打开"对齐"面板，使五角星相对于舞台中心水平对齐。

10 选择第 45 帧，选择工具箱中的"椭圆工具"，设置铅笔笔触为无 ，填充颜色为蓝色（#0000FF），单击"属性"面板中的"重置"按钮，绘制一个椭圆，如图 3-3-9 所示。

11 选择工具箱中的"任意变形工具"，将中心点移到椭圆的下方，如图 3-3-10 所示。

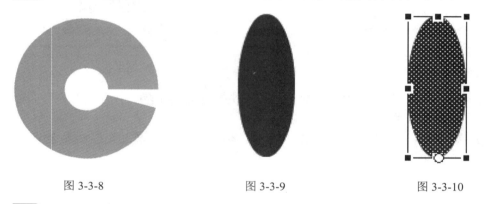

| 图 3-3-8 | 图 3-3-9 | 图 3-3-10 |

12 执行"窗口"→"变形"命令，打开"变形"面板。设置旋转角度为 60 度，单击"复制并应用变形"按钮 5 次，如图 3-3-11 所示，最终完成花朵的制作。用"选择工具"调整花朵的位置，如图 3-3-12 所示。

图 3-3-11

图 3-3-12

13 单击第 1 帧，打开"属性"面板，分别在第 1 帧、第 15 帧、第 30 帧、第 45 帧创建形状补间动画。时间轴如图 3-3-13 所示。

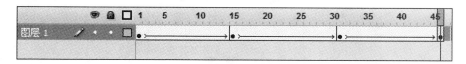

图 3-3-13

14 执行"文件"→"保存"命令，或按快捷键 *Ctrl* + *S*，以"超级变变变.fla"保存文件。

15 执行"控制→测试影片"命令，或按快捷键 *Ctrl* + *Enter*，预览动画效果。

知识链接

形状补间动画相关知识

1. 形状补间动画的概念

在 Flash 的时间帧面板上，在一个时间点（关键帧）绘制一个形状，然后在另一个时间点（关键帧）更改该形状或绘制另一个形状，Flash 根据两者之间的帧的值或形状来创建的动画被称为形状补间动画。

2. 构成形状补间动画的元素

形状补间动画可以实现两个图形之间颜色、形状、大小、位置的相互变化，其变形的灵活性介于逐帧动画和动作补间动画二者之间，使用的元素多为用鼠标或压感笔绘制出的形状，如果使用图形元件、按钮、文字，则必先"打散"再变形。

3. 形状补间动画在时间帧面板上的表现

形状补间动画建好后，时间帧面板的背景色变为淡绿色，在起始帧和结束帧之间有一个长长的箭头，如图 3-3-14 所示。

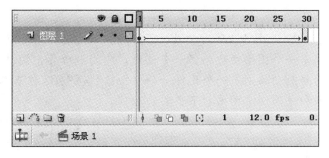

图 3-3-14

4. 创建形状补间动画的方法

在时间轴面板上动画开始播放的地方创建或选择一个关键帧并设置要开始变形的形状（一般一帧中以一个对象为好），在动画结束处创建或选择一个关键帧并设置要变成的形状，再单击开始帧，在"属性"面板上单击"补间"下拉按钮，在弹出的下拉列表中选择"形状"选项，一个形状补间动画创建完毕。

5. 认识形状补间动画的"属性"面板

Flash 的"属性"面板随选定的对象不同而发生相应的变化。当建立了一个形状补间动画后，单击时间帧，"属性"面板如图 3-3-15 所示。

图 3-3-15

形状补间动画的"属性"面板上只有两个参数。

（1）"缓动"选项

在"0"边有个滑动拉杆按钮，单击后上下拉动滑杆或填入具体的数值，形状补间动画会随之发生相应的变化。

在 1 到−100 的负值之间，动画运动的速度从慢到快，朝运动结束的方向加速补间。在 1~100 的正值之间，动画运动的速度从快到慢，朝运动结束的方向减慢补间。默认情况下，补间帧之间的变化速率是不变的。

（2）"混合"选项

"混合"选项中有以下两项供选择：

"角形"选项：创建的动画中间形状会保留有明显的角和直线，适合于具有锐化转角和直线的混合形状。

"分布式"选项：创建的动画中间形状比较平滑和不规则。

任务小结

通过本任务最基础形状补间动画的学习，了解形状渐变动画与运动渐变动画最大的区别在于形状渐变动画是一个图形变化为另一个图形，中间包含变化的过程，参加对象必须是"分散"的；运动渐变动画则是一个元件一个"物体"。要求掌握基本形状动画的规律，为今后自主创新动画和发挥创意动画打下坚实的基础。

课后实训

绘制变字的枫叶

【实训要求】

1. 熟悉形状补间动画的相关概念。

2. 熟练掌握形状补间动画的创建方法。

3. 知道形状补间动画中形状提示的作用。

"变字的枫叶"效果如图 3-3-16 所示。

图 3-3-16

【评价标准】

1. 根据所给素材，能否使用形状补间动画制作变字枫叶的动画效果。
2. 枫叶的绘制方法是否正确。
3. 变形的动画制作是否连贯自然。

【实训评价】

教师认真做好学生作品的评价工作，指出学生在操作过程中出现的问题，并做好点评及讲评。

 **创建形状补间动画——庆祝国庆**

◎ **任务描述**

本任务为创建形状补间动画，要求同学们通过 Flash 软件，制作由四个灯笼变形为"庆祝国庆"文字的动画效果。通过本任务的学习，同学们应知道形状补间动画的制作原理，能够将生活中常见的形状补间动画通过 Flash 软件制作出来。"庆祝国庆"效果如图 3-4-1 所示。

图 3-4-1

◎ **技能要点**

● 形状补间动画的创建方法。

任务实施

01 创建新文档。执行"文件"→"新建"命令，在弹出的"新建文档"对话框中选择"Flash 文件（ActionScript 3.0）"选项后，单击"确定"按钮，新建一个影片文档。在"属性"面板中设置文件大小为 400 像素*330 像素，"背景颜色"为白色。

02 执行"文件"→"导入"→"导入到舞台"命令，将图 3-4-2 所示的名为"节日夜空.jpg"的素材导入到场景中，在第 80 帧处按 *F5* 键，加普通帧。

03 执行"窗口"→"颜色"命令，打开"颜色"面板，设置各项参数，如图 3-4-3 所示。

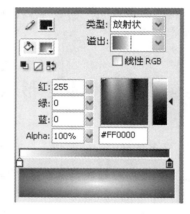

图 3-4-2

图 3-4-3

04 选择工具箱中的"椭圆工具" ，去掉边线 ，在场景中画一个椭圆作为灯笼的主体，大小为 65 像素*40 像素，如图 3-4-4 所示。

图 3-4-4

05 选中灯笼的上下边，在"颜色"面板中按照图3-4-5设置参数。

06 选择工具箱中的"矩形工具"[图标]，去掉边线，画一个矩形，大小为30像素*10像素，复制这个矩形，分别放在灯笼的上下方，再画一个小的矩形，长宽为7像素*10像素，作为灯笼上面的提手，如图3-4-6所示。

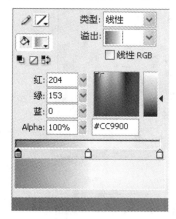

图 3-4-5   图 3-4-6

07 用"线条工具"在灯笼的下面画几条黄色线条作为灯笼穗，一个漂亮的灯笼就画好了，如图3-4-7所示。

图 3-4-7

08 复制刚画好的灯笼，新建三个图层，在每个图层中粘贴一个灯笼，调整灯笼的位置，使其错落有致地排列在场景中。在第20帧、第40帧处为各图层添加关键帧，如图3-4-8所示。

09 选中第一个灯笼，在第40帧处用文字"庆"取代灯笼，文字"属性"面板上的参数设置："文本类型"为静态文本，"字体"为隶书，"字体大小"为60，"颜色"为红色，如图3-4-9所示。

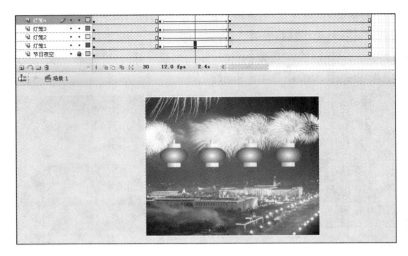

图 3-4-8

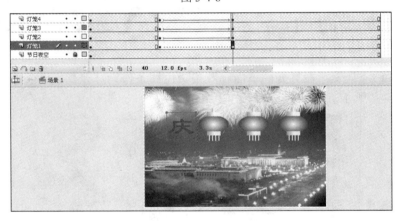

图 3-4-9

10 选中"庆"字,执行"修改"→"分离"命令,把文字转为形状,如图 3-4-10 所示。

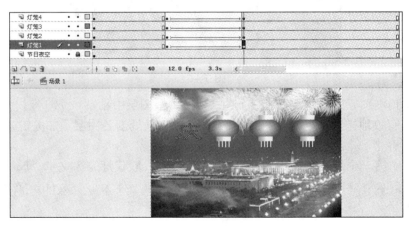

图 3-4-10

11 依照以上步骤，在第 40 帧处的相应图层上依次用"祝"、"国"、"庆"三个字取代另外三个灯笼，并执行"分离"操作，其结果如图 3-4-11 所示。

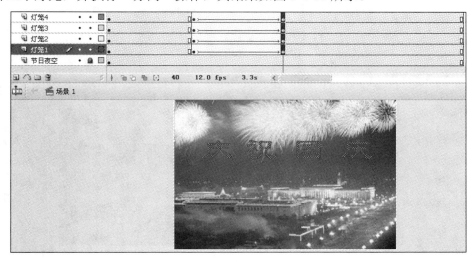

图 3-4-11

12 在"灯笼"各图层的第 60 帧及第 80 帧处，分别添加关键帧，在第 80 帧处各"灯笼"图层中的内容为"文字图形"，在"灯笼"各图层的第 20 帧、第 60 帧处单击帧，在"属性"面板上单击"补间"下拉按钮，在弹出的下拉列表中选择"形状"选项，建立形状补间动画，如图 3-4-12 所示。

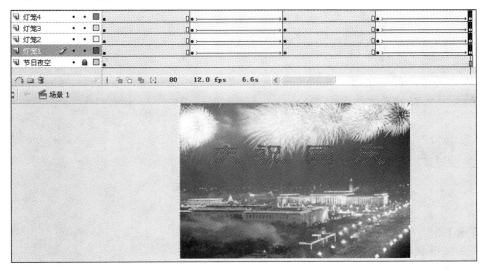

图 3-4-12

13 清除第 80 帧处四个"灯笼"图层中的内容，分别选择第 20 帧中的"灯笼"图形，再一个个"粘贴"进第 80 帧中，如图 3-4-13 所示。

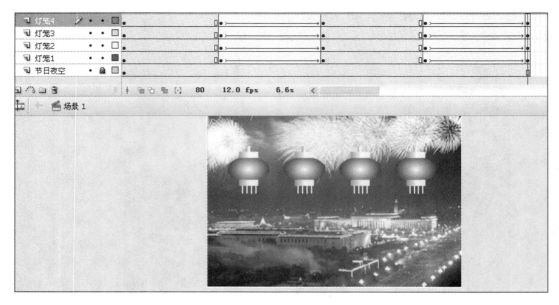

图 3-4-13

14 测试存盘。执行"控制"→"测试影片"命令，观察本例.swf 文件生成的动画。如果满意，执行"文件"→"保存"命令，将文件保存为"庆祝国庆.fla"文件存盘。如果要导出 Flash 的播放文件，执行"文件"→"导出"→"导出影片"命令，保存成"庆祝国庆.swf"文件。

任务小结

形状补间动画是一个图形变化为另一个图形，中间包含变化的过程，要求前后两个关键帧上的对象都必须是打散的状态。

课后实训

制作小丑吹泡泡动画

【实训要求】

1. 知道形状补间动画的相关概念。
2. 熟练掌握形状补间动画的创建方法。
3. 知道形状补间动画中形状提示的作用。

"小丑吹泡泡"效果如图 3-4-14 所示。

图 3-4-14

【评价标准】

1. 根据所给素材，能否使用形状补间动画制作小丑吹泡泡的动画效果。

2. 小丑的绘制方法是否正确。

3. 泡泡的动画制作是否和谐自然。

【实训评价】

教师认真做好学生作品的评价工作，指出学生在操作过程中出现的问题，并做好点评及讲评。

项目 4

创建逐帧动画

>>>>

◎ **项目导读**

　　课堂上老师给同学们播放动画片《米老鼠和唐老鸭》，看完动画片老师问同学们："动画片中的唐老鸭是怎么走动起来的呢？"由此提出问题："如何实现人物走路、动物奔跑等效果？"本任务主要介绍逐帧动画，它的原理是在"连续的关键帧"中分解动画动作，即每一帧中的内容不同，连续播放而成动画。

　　由于逐帧动画的帧序列内容不一样，不仅增加制作负担，而且最终输出的文件量也很大，但它的优势也很明显，因为它与电影播放模式相似，很适合于表演很细腻的动画，如 3D 效果、人物或动物急剧转身等效果。

◎ **学习目标**

- 知道逐帧动画的制作原理。
- 掌握逐帧动画的制作方法。
- 了解分析逐帧动画制作过程中的特殊技巧。
- 熟悉逐帧动画制作中的规律。

◎ **学习任务**

- 创建"奔跑的豹子"动画。
- 创建"太阳升起"动画。

任务 **4.1**　创建"奔跑的豹子"动画

◎ **任务描述**

　　本任务通过 Flash 软件中的逐帧动画，利用提供的 8 张豹子奔跑的连贯图片，制作出豹子奔跑的动画效果。同学们通过对本任务的学习，应知道 Flash 逐帧动画的制作原理，并能够制作简单的逐帧动画，再现生活中常见的一些动画，如人物跑动、转身等。"奔跑的豹子"效果如图 4-1-1 所示。

图 4-1-1

◎ **技能要点**

- 图层的使用。
- 逐帧动画的创建和编辑。

任务实施

　　01 执行"文件"→"新建"命令，弹出"新建文档"对话框，在"常规"选项卡中选择"Flash 文件（ActionScript 3.0）"选项，然后单击"确定"按钮，新建一个影片文档。在"属性"面板上设置文件大小为 400 像素*260 像素，"背景颜色"为白色。

　　02 选择第一帧，执行"文件"→"导入"→"导入到舞台"命令，将配套光盘中的名为"雪景.bmp"的图片导入到场景中，如图 4-1-2 所示。

图 4-1-2

03 新建一个图层，命名为"豹子"，执行"文件"→"导入"→"导入到库"命令，弹出图 4-1-3 所示的"导入到库"对话框，将配套光盘中的"奔跑的豹子"系列 8 张图片导入。

图 4-1-3

04 按快捷键 *Ctrl* + *F8*，弹出"创建新元件"对话框，元件命名为"奔跑的豹子"，元件类型为"影片剪辑"。

05 选中图层 1 的第 2 帧，选中场景中的图片 1，在"属性"面板中单击"交换"按钮，弹出"交换位图"对话框，选择图片 2，如图 4-1-4 所示。

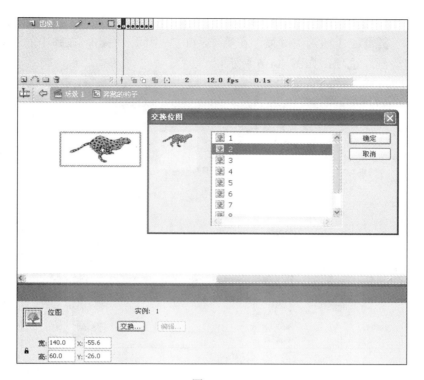

图 4-1-4

06　重复步骤 5，将第 3 帧到第 8 帧所有的帧上的图片 1 与对应图片进行交换。

07　按快捷键 *Ctrl*＋*E*，返回主场景中。新建图层，命名为"豹子"，将元件"奔跑的豹子"拖到场景的左侧，如图 4-1-5 所示。

图 4-1-5

08 选中"雪景"图层,在第 60 帧,按 **F5** 键,插入普通帧;选中"豹子"图层,在第 60 帧,按 **F6** 键,插入关键帧,在第 1~60 帧中间,右击,在弹出的快捷菜单中选择"创建补间动画"选项,如图 4-1-6 所示。

图 4-1-6

09 选中"豹子"图层的第 60 帧,选中场景中"奔跑的豹子"元件,将其拖到场景的右侧,如图 4-1-7 所示。

图 4-1-7

10 执行"控制"→"测试影片"(快捷键 **Ctrl**＋**Enter**)命令,观察动画效果。如果满意,执行"文件"→"保存"命令,将文件保存为"奔跑的豹子.fla"文件。如果要导出 Flash 的播放文件,执行"文件"→"导出"→"导出影片"命令。

知识链接

绘　画　纸

1. 绘画纸的功能

绘画纸是一个帮助定位和编辑动画的辅助功能，这个功能对制作逐帧动画特别有用。通常情况下，Flash 在舞台中一次只能显示动画序列的单个帧。使用绘画纸功能后，可以在舞台中一次查看两个或多个帧了。

如图 4-1-8 所示，这是使用绘画纸功能后的场景，可以看出，当前帧中内容用全彩色显示，其他帧内容以半透明显示，看起来好像所有帧内容是画在一张半透明的绘图纸上，这些内容相互层叠在一起。此时只能编辑当前帧的内容。

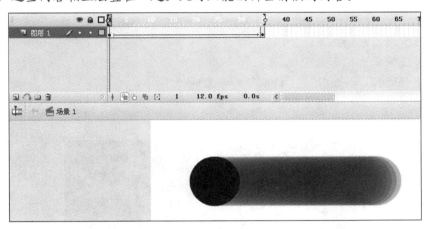

图 4-1-8

2. 绘图纸各个按钮的介绍

1）"绘图纸外观" 按钮：单击此按钮后，在时间帧的上方，出现绘图纸外观标记。拉动外观标记的两端，可以扩大或缩小显示范围。

2）"绘图纸外观轮廓" 按钮：单击此按钮后，场景中显示各帧内容的轮廓线，填充色消失，特别适合观察对象轮廓，另外可以节省系统资源，加快显示过程。

3）"编辑多个帧" 按钮：单击此按钮后可以显示全部帧内容，并且可以进行"多帧同时编辑"。

4）"修改绘图纸标记" 按钮：单击此按钮后，弹出列表，列表中选项介绍如下。

① "总是显示标记"选项会在时间轴标题中显示绘图纸外观标记，无论绘图纸外观是否打开。

② "锚定绘图纸"选项会将绘图纸外观标记锁定在它们在时间轴标题中的当前位置。通常情况下，绘图纸外观范围是和当前帧的指针以及绘图纸外观标记相关的。通过锚定绘图纸外观标记，可以防止它们随当前帧的指针移动。

③ "绘图纸 2"选项会在当前帧的两边显示两个帧。

④ "绘图纸 5"选项会在当前帧的两边显示五个帧。

⑤ "绘制全部"选项会在当前帧的两边显示全部帧。

任务小结

本任务主要讲解逐帧动画的概念、制作方法及应用。我们可以将生活中的很多动作进行动作分解，如人物走路、鸟儿飞翔等，以 Flash 动画的形式呈现给大家。

课后实训

绘制飞舞的蝴蝶

【实训要求】

1. 灵活掌握图层的应用。
2. 知道逐帧动画的形成原理。
3. 知道普通帧、关键帧、空白帧等的含义和作用。
4. 掌握逐帧动画的创建方法。

飞舞的蝴蝶效果如图 4-1-9 所示。

图 4-1-9

【评价标准】

1. 根据所提供的素材，能否使用逐帧动画制作蝴蝶飞舞的动画效果。
2. 图层的创建是否合理。
3. 蝴蝶的动画效果是否连贯。
4. 整个作品是否协调及美观。

【实训评价】

教师认真做好学生作品的评价工作，指出学生在操作过程中出现的问题，并做好点评及讲评。

任务 4.2 创建"太阳升起"动画

◎ **任务描述**

逐帧动画是一种常见的动画形式,其原理是在"连续的关键帧"中分解动画动作,即在时间轴的每帧上逐帧绘制不同的内容,使其连续播放而成动画。下面通过"太阳升起"这个动画实例来加深对逐帧动画的案例学习,效果如图 4-2-1 所示。

图 4-2-1

◎ **技能要点**

● 逐帧动画的制作方法。

● 帧的插入与删除。

 任务实施

01 启动 Flash CS3,新建一个 Flash 文档,如图 4-2-2 所示。

02 选中第一帧,执行"文件"→"导入"→"导入到舞台"命令,弹出"导入"对话框,如图 4-2-3 所示,选择背景图片素材,打开即可。

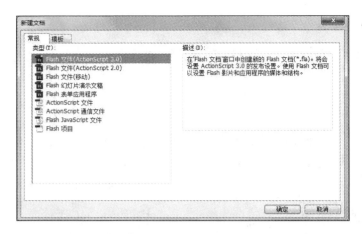

图 4-2-2

图 4-2-3

03 导入背景图片后，效果如图 4-2-4 所示。

图 4-2-4

04 在第 50 帧处插入关键帧，将背景图片延续到第 35 帧，如图 4-2-5 所示。

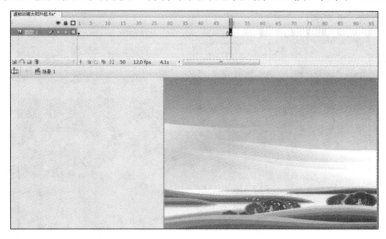

图 4-2-5

05 新建一个图层命名为"太阳"，制作太阳升起的过程，如图 4-2-6 所示。

图 4-2-6

06 选中图层 2 的第一帧，利用"多角星形工具"绘制太阳，如图 4-2-7 所示。

图 4-2-7

07 在第 3、5、7、9、11、13、15、17、19、21、23 帧处插入关键帧，依次改变太阳的位置，如图 4-2-8 所示。

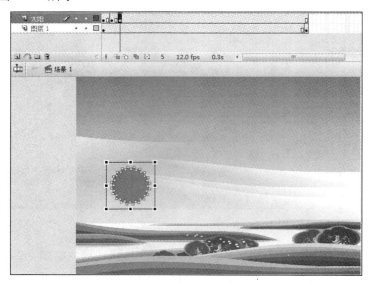

图 4-2-8

08 改变位置后效果如图 4-2-9 所示。

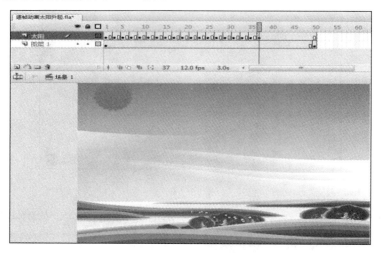

图 4-2-9

09 测试播放效果，发现太阳升起的速度过快，因此需进行调整。双击时间轴面板的"12.0fps"，弹出"文档属性"对话框，在里面可进行帧频的调节。默认值是 12，如想变慢，则把数字设成比 12 小；如想变快，则把数字设成比 12 大，如图 4-2-10 所示。

10 执行"文件"→"保存"命令，弹出"保存"对话框进行保存。按快捷键 *Ctrl* ＋ *Enter*，测试动画，如图 4-2-11 所示。

图 4-2-10

图 4-2-11

任务小结

本任务我们利用实例讲解了利用导入静态图片创建逐帧动画的方法。

课后实训

制 作 骏 马 奔 跑 动 画

【实训要求】

1. 利用导入静态图片建立逐帧动画法制作骏马飞奔的动画。
2. 掌握"对齐"面板的使用方法。

3. 能够熟练插入帧与删除帧。

"骏马奔跑"效果如图 4-2-12 所示。

图 4-2-12

【评价标准】

1. 是否能够利用文字逐帧动画制作文字跳跃、旋转特效。

2. 是否能够通过导入素材制作骏马奔腾逐帧动画。

3. 逐帧动画制作步骤是否规范。

【实训评价】

教师认真做好学生作品的评价工作，指出学生在操作过程中出现的问题，并做好点评及讲评。

5

项目

创建引导层动画

>>>>

◎ **项目导读**

　　在前面几个项目里，我们已经给大家介绍了一些常规动画效果，如小球运动等。这些动画的运动轨迹都是直线的，可是在生活中，有很多运动是弧线或不规则的，如月亮围绕地球旋转、鱼儿在水中游等，这就是"引导路径动画"。将一个或多个层链接到一个运动引导层，使一个或多个对象沿同一条路径运动的动画形式被称为"引导路径动画"。这种动画可以使一个或多个元件完成曲线或不规则运动。本项目学习用 Flash 软件制作曲线运动动画。

◎ **学习目标**

● 知道引导层、引导与被引导的关系。

● 知道引导层动画的基本原理。

● 掌握引导层动画的创建方法。

● 灵活运用引导层原理制作出各种人物运动、动物运动的轨迹。

◎ **学习任务**

● 创建"豆豆吃草莓"动画。

● 创建"海底世界"动画。

 创建"豆豆吃草莓"动画

◎ 任务描述

　　本任务为创建引导动画，要求同学们通过 Flash 软件，利用所给素材，制作一个"豆豆吃草莓"的动画效果，如图 5-1-1 所示。

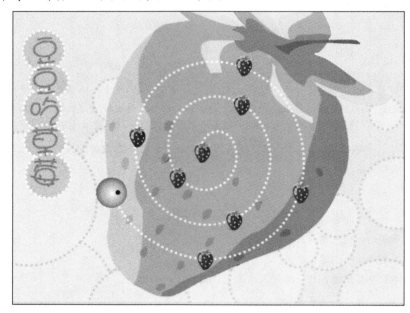

图 5-1-1

◎ 技能要点

● 引导层动画的制作方法。
● 引导层的添加和引导线的设置和应用。
● 图层属性的设置、图层顺序的调整。

 任务实施

　　01 新建一空白文档，执行"修改"→"文档"命令，弹出"文档属性"对话框，如图 5-1-2 所示。

　　02 导入素材底图和草莓图片，同时把图层 1 命名为"底图"，在该图层第 1 帧导入底图，利用"任意变形工具"改变大小，效果如图 5-1-3 所示。

图 5-1-2

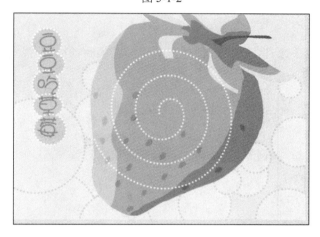

图 5-1-3

03 在底图图层上新建一图层，命名为"草莓"，在该图层第 1 帧上导入草莓图片，调整大小，并根据自己的喜好对草莓进行布置，效果如图 5-1-4 所示。

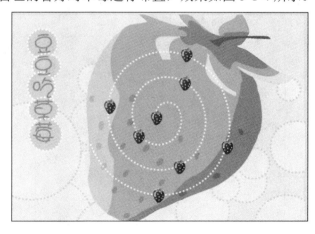

图 5-1-4

04 在"草莓"图层上新建一图层，命名为"豆豆"，在该图层第 1 帧绘制一个豆豆，并将绘制对象转化为影片剪辑元件，元件命名为"豆豆"，效果如图 5-1-5 所示。

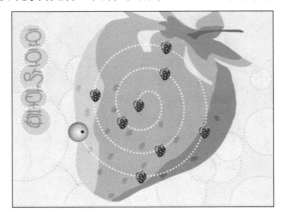

图 5-1-5

05 打开"豆豆"元件，在第 5 帧插入关键帧，第 8 帧插入普通帧，对第 5 帧的豆豆做修饰，如图 5-1-6 所示。

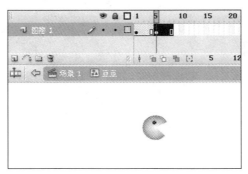

图 5-1-6

06 在"豆豆"图层上新建一图层，命名为"引导层"，在该图层第 1 帧绘制一条曲线，作为豆豆的行动路径，效果如图 5-1-7 所示。

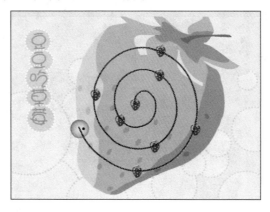

图 5-1-7

07 在第 140 帧插入帧，如图 5-1-8 所示。

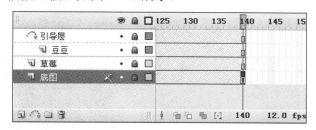

图 5-1-8

08 选中"豆豆"图层，在第 120 帧插入关键帧，并创建动作补间动画，如图 5-1-9 所示。

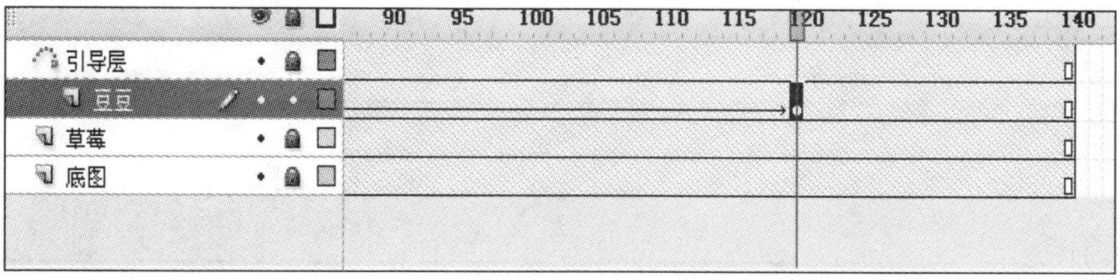

图 5-1-9

09 选中"豆豆"图层第 1 帧和第 120 帧，跳到豆豆运动的起始位置，如图 5-1-10 所示。

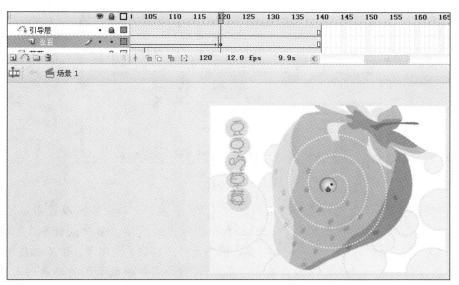

图 5-1-10

10 选中"草莓"图层，根据豆豆的运动轨迹，不断减少草莓的数量，直至没有一个草莓为止，保存文件并测试。效果如图 5-1-11 所示。

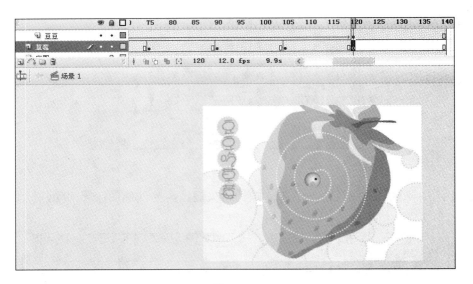

图 5-1-11

知识链接

引导动画的创建

1. 创建引导层和被引导层

一个最基本"引导路径动画"由两个图层组成，上面一层是"引导层"，它的图层图标为 🦅；下面一层是"被引导层"，图标为 🖃，同普通图层一样。

在普通图层上单击时间轴面板中的"添加运动引导层"按钮，该层的上面就会添加一个引导层，同时该普通层缩进成为"被引导层"，如图 5-1-12 所示。

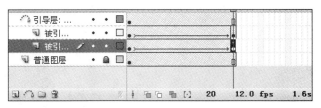

图 5-1-12

引导层是用来指示元件运行路径的，所以"引导层"中的内容可以是用钢笔工具、铅笔工具、线条工具、椭圆工具、矩形工具等绘制出的线段。而"被引导层"中的对象是跟着引导线走的，可以使用影片剪辑、图形元件、按钮、文字等，但不能应用形状。

由于引导线是一种运动轨迹，不难想象，"被引导层"中最常用的动画形式是动作补间动画。当播放动画时，一个或数个元件将沿着运动路径移动。

2. 向被引导层中添加元件

"引导动画"最基本的操作就是使一个运动动画"附着"在"引导线"上，所以操作时特别得注意"引导线"的两端，被引导的对象起始、终点的两个"中心点"一定要对准"引导线"的两个端头，如图 5-1-13 所示。

在图 5-1-13 中，把"元件"的透明度设为 50%，使人可以透过元件看到下面的引导线，"元件"中心的十字星正好对着线段的端头，这一点非常重要，是引导线动画顺利运行的前提。

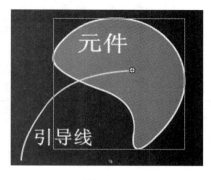

图 5-1-13

3．应用引导路径动画的技巧

1）"被引导层"中的对象在被引导运动时，再做进一步的设置，如运动方向。在"属性"面板上，选中"调整到路径"复选框，对象的基线就会调整到运动路径。而如果选中"贴紧"复选框，元件的注册点就会与运动路径对齐，如图 5-1-14 所示。

图 5-1-14

2）引导层中的内容在播放时是看不见的，利用这一特点，可以单独定义一个不含"被引导层"的"引导层"，该引导层中可以放置一些文字说明、元件位置参考等。此时，引导层的图标为 。

3）在做引导路径动画时，单击工具箱中的"贴紧至对象"按钮，可以使"对象附着于引导线"的操作更容易成功，拖动对象时，对象的中心会自动吸附到路径端点上。

4）过于陡峭的引导线可能使引导动画制作失败，而平滑圆润的线段有利于引导动画制作成功。

5）向被引导层中放入元件时，在动画开始和结束的关键帧上，一定要让元件的注册点对准线段的开始和结束的端点，否则无法引导。如果元件为不规则形，可以单击工具箱中的"任意变形工具"按钮，调整注册点。

6）如果想解除引导，可以把被引导层拖离"引导层"，或在图层区的引导层上右击，在弹出的快捷菜单上选择"属性"选项，在弹出的"图层属性"对话框中选择"一般"单选按钮，作为正常图层类型，如图 5-1-15 所示。

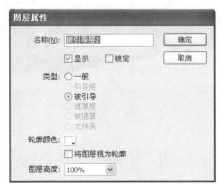

图 5-1-15

7）如果想让对象做圆周运动，可以在"引导层"画一根圆形线条，再用"橡皮擦工具"擦去一小段，使圆形线段出现两个端点，再把对象的起始和终点分别对准端点即可。

8）引导线允许重叠，如螺旋状引导线，但在重叠处的线段必须保持圆润，让 Flash 能辨认出线段走向，否则会使引导失败。

任务小结

通过本任务的学习，同学们要知道引导层的作用，掌握引导层和被引导层的关系，了解引导层的特点，同时注意制作引导层动画需要注意的地方。

课后实训

绘制大雪纷飞

【实训要求】

1. 知道引导层动画的制作原理。
2. 掌握创建引导层的元件实例的方法。
3. 掌握引导层动画的创建方法。
4. 掌握引导层动画图层属性的设置方法。

"大雪纷飞"效果如图 5-1-16 所示。

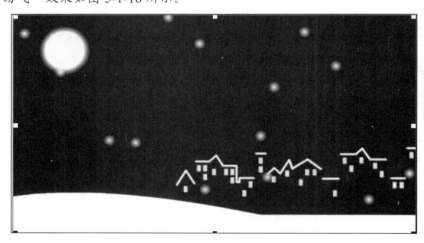

图 5-1-16

【评价标准】

1. 是否能够使用引导层动画制作片片雪花下落的元件动画效果。
2. 引导路径是否正确。
3. 雪花落地效果是否协调与合理。

【实训评价】

教师认真做好学生作品的评价工作，指出学生在操作过程中出现的问题，并做好点评及讲评。

任务 5.2　创建"海底世界"动画

◎ **任务描述**

通过前面任务的学习，我们基本掌握了一些引导层引导的动画效果。下面要求同学们通过 Flash 软件，利用所给素材，并结合前面所讲解的其他动画知识制作出一个较为复杂的"海底世界"的动画效果，如图 5-2-1 所示。

图 5-2-1

◎ **技能要点**

● 引导层动画的制作。

任务实施

01　新建一个影片文档，设置舞台尺寸为 450 像素*300 像素，"背景色"为深蓝色。

02　执行"插入"→"新建元件"命令，弹出"创建新元件"对话框，输入名称为"单个水泡"，然后单击"确定"按钮。先在场景中画一个无边的圆，颜色任意，大小为 30 像素*30 像素，再在"颜色"面板中，添加两个色标，颜色全为白色，"Alpha"值从左向右依次为 100%、15%、8%、100%，如图 5-2-2 所示，单击"颜料桶工具"按钮，在画好的圆的中心偏左上的地方单击。

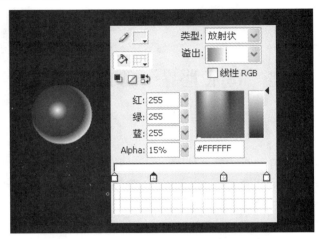

图 5-2-2

03 执行"插入"→"新建元件"命令，弹出"创建新元件"对话框，设置名称为"一个水泡及引导线"，类型为"影片剪辑"。将图层 1 命名为"被引导层"，选中被引导层的第 1 帧，从"库"面板中将名为"单个水泡"的元件，如图 5-2-3 所示。

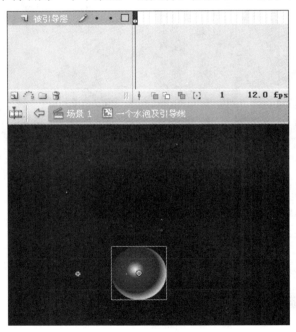

图 5-2-3

04 选中"被引导层"图层，单击"添加引导层"按钮，添加一个引导层，在此层中用"铅笔工具" 在场景的中心向上画一条曲线，在第 60 帧处添加普通帧，如图 5-2-4 所示。

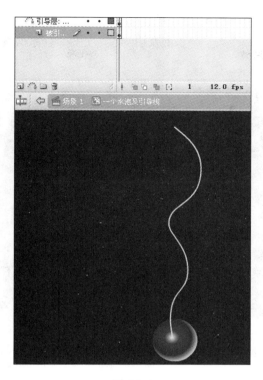

图 5-2-4

05 在引导图层的第 60 帧按 **F5** 键，插入普通帧。选中"被引导层"，在被引导层的第 60 帧，按 **F6** 键，插入关键帧，把"单个水泡"元件实例移到引导线的上端并设置"Alpha"值为 50%，在第 1 帧和第 60 帧中间，创建动作补间动画，如图 5-2-5 所示。

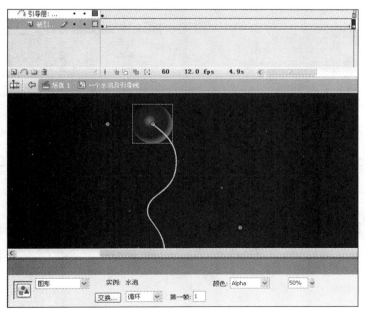

图 5-2-5

06 执行"插入"→"新建元件"命令，新建一个影片剪辑元件，名称为"成堆的水泡"。从"库"面板中拖入数个"一个水泡及引导线"元件，任意改变大小和位置，如图 5-2-6 所示。

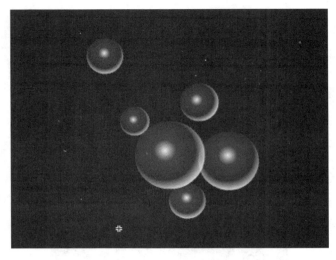

图 5-2-6

07 执行"插入"→"新建元件"命令，新建一个影片剪辑元件，名称为"游鱼"。在场景中共设四层，图层名称分别为"鱼头"、"中间鱼尾"、"上面鱼尾"和"下面鱼尾"。在各图层中画出鱼的各部分形状，如图 5-2-7 所示。"鱼头"层中是鱼的眼睛和圆圆的身子。为了体现鱼游动时的婀娜多姿，我们把鱼尾分成上、中、下三部分，画好后在第 7、14 帧处各添加关键帧，把鱼头、鱼尾位置形状稍做改变，在第 1、7、14 帧处创建补间形状动画。

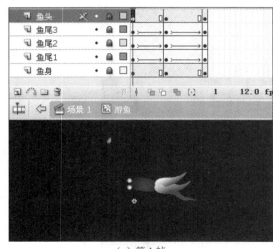

（a）第 1 帧

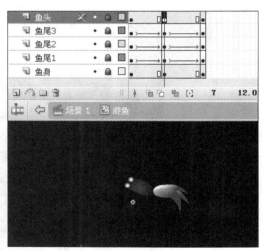

（b）第 7 帧

图 5-2-7

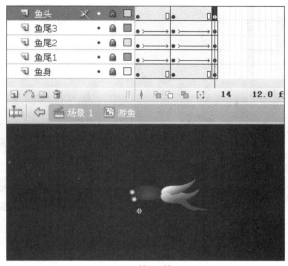

（c）第 14 帧

图 5-2-7（续）

08 执行"插入"→"新建元件"命令，新建一个影片剪辑元件，名称为"鱼及引导线"。单击"添加运动引导层"按钮，新建引导层，在引导层中用"铅笔工具"画一条曲线，作为鱼儿游动时的路径，选择引导图层的第 100 帧，按 **F5** 键，使图层中的帧延伸到第 100 帧。在被引导层中拖入"库"面板中名为"游鱼"的元件，用"任意变形工具"调整"游鱼"元件实例的大小，选择第 100 帧，按 **F6** 键，插入关键帧，分别调整第 1 帧和第 100 帧中的"游鱼"元件实例到引导线的两端，在第 1 帧建立补间运动动画，其位置如图 5-2-8 所示。

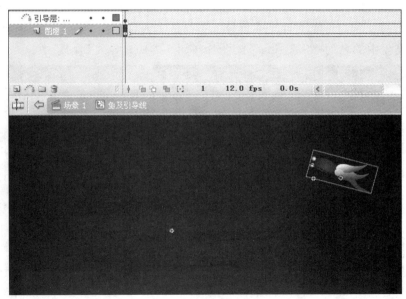

（a）第 1 帧

图 5-2-8

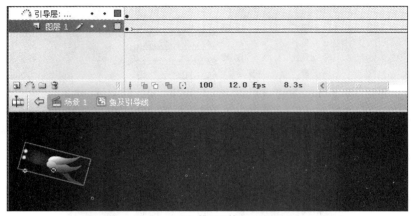

（b）第 100 帧

图 5-2-8（续）

09 在"属性"面板上，选中"调整到路径"、"同步"和"贴紧"复选框，如图 5-2-9 所示。

图 5-2-9

10 执行"插入"→"新建元件"命令，新建一个图形元件，名称为"海底"。选择第 1 帧，然后再执行命令"文件"→"导入"→"导入到舞台"命令，弹出"导入"对话框，将配套光盘中的名为"海底.jpg"的图片（图 5-2-10）导入到场景中。

图 5-2-10

11 按快捷键 **Ctrl** + **E**，返回主场景，将图层 1 命名为"海底"，将"海底"元件放到场景中，按 **Q** 键，使用"任意变形工具"将"海底"元件的大小调整至与背景一样，并与背景重合，如图 5-2-11 所示。

图 5-2-11

12 新建图层，命名为"水泡"，在第 1 帧放入两个以上的"一个水泡及引导线"元件，效果如图 5-2-12 所示。

图 5-2-12

13 新建图层，命名为"鱼"，在第 1 帧放入两个"鱼及引导线"元件，并使用"任意变形工具"调整其大小和运动方向，效果如图 5-2-13 所示。

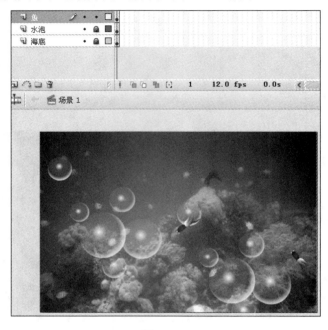

图 5-2-13

14 执行"控制"→"测试影片"命令，观察动画效果。如果满意，执行"文件"→"保存"命令，将文件保存为"奔跑的豹子.fla"文件。如果要导出 Flash 的播放文件，执行"文件"→"导出"→"导出影片"命令即可。

任务小结

通过本任务的学习，同学们必须了解引导层的作用，掌握引导层和被引导层的关系，了解引导层的特点，同时注意制作引导层动画需要注意的地方。在引导线是封闭曲线的情况下，要擦除一个缺口。

课后实训

绘制卫星环绕行星运动

【实训要求】

1. 知道引导层动画的制作原理。
2. 掌握引导层动画的创建方法。
3. 掌握引导层动画图层属性的设置方法。

"卫星环绕行星运动"效果如图 5-2-14 所示。

图 5-2-14

【评价标准】

1. 是否能够灵活运用图层制作出卫星运动的层次。

2. 在引导路径制作中，是否掌握了封闭曲线如何制作成运动轨迹。

3. 卫星与行星的运动是否符合常理。

【实训评价】

教师认真做好学生作品的评价工作，指出学生在操作过程中出现的问题，并做好点评及讲评。

6

项目

创建遮罩动画

◎ **项目导读**

在 Flash 的作品中，我们常常看到眩目的神奇效果，而其中不少就是用最简单的"遮罩"完成的，如水波纹、万花筒、百叶窗、放大镜、望远镜……遮罩效果是 Flash 中最为常见也是应用最多的一种效果。简单地讲，就是在遮罩层有效形状范围内显示下方被遮罩层的内容。本项目主要讲解 Flash 中遮罩效果的制作原理、制作方法和操作技巧。"遮罩"如何能产生这些效果呢？本项目中我们提供两个很实用的范例，以加深对"遮罩"原理的理解。

◎ **学习目标**

- 了解遮罩动画的制作原理。
- 理解遮罩层与被遮罩层的关系。
- 掌握遮罩动画的制作方法。
- 掌握遮罩动画的操作技巧。

◎ **学习任务**

- 创建"闪闪红星"动画。
- 创建卷轴动画。

创建"闪闪红星"动画

◎ 任务描述

　　本任务要创建的动画为最基础的遮罩动画，要求同学们通过 Flash 软件了解遮罩动画的制作原理，掌握一些常用的遮罩技巧，制作一个"闪闪红星"的动画效果，如图 6-1-1 所示。

图 6-1-1

◎ 技能要点

● 遮罩动画的制作方法。

任务实施

[01] 新建一空白文档，设置大小为 550 像素*400 像素，背景颜色为黑色。

[02] 将图层 1 命名为"红星"，如图 6-1-2 所示。

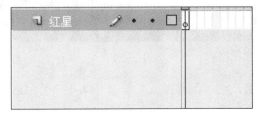

图 6-1-2

03 单击工具箱中的"多角星形工具"按钮，如图 6-1-3 所示。

04 在"属性"面板中单击"选项"按钮，弹出"工具设置"对话框，设置样式为"星形"，如图 6-1-4 所示，单击"确定"按钮。

图 6-1-3   图 6-1-4

05 在场景中绘制一个五角星，如图 6-1-5 所示。

图 6-1-5

06 单击"墨水瓶工具"按钮，将笔触颜色设置为白色，给五角星上笔触颜色，如图 6-1-6 所示。

图 6-1-6

07 选中五角星的填充色，删除填充色，如图 6-1-7 所示。

图 6-1-7

08 单击"线条工具"按钮，将五角星内部按图 6-1-8 所示连接起来。

图 6-1-8

09 单击"颜料桶工具"按钮，选择填充颜色为线性红色，填充并删除笔触颜色，绘制"闪光"部分，如图 6-1-9 所示。

图 6-1-9

10 在时间轴的"红星"图层部分，单击"隐藏"和"锁定"的两个白点，以免影响之前的操作。效果如图 6-1-10 所示。

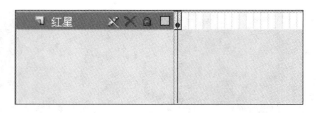

图 6-1-10

11 按快捷键 *Ctrl* + *F8*，新建一个图形元件，命名为"星光"。

12 在"星光"元件中，使用"线条工具"绘制直线，效果如图 6-1-11 所示。

图 6-1-11

13 用"选择工具"选中直线，使用"任意变形工具"将注册中心点移动到线条的左下角，如图 6-1-12 所示。

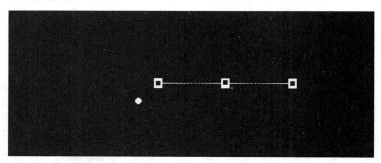

图 6-1-12

14 按快捷键 *Ctrl* + *T*，打开"变形"面板，设置为"旋转 15 度"，然后单击"复制并应用变形"按钮，如图 6-1-13 所示。

图 6-1-13

15 重复单击"复制并应用变形"按钮，直至效果如图 6-1-14 为止。

图 6-1-14

16 选中所有线条，执行"修改"→"形状"→"将线条转换为填充"命令，如图 6-1-15 所示。

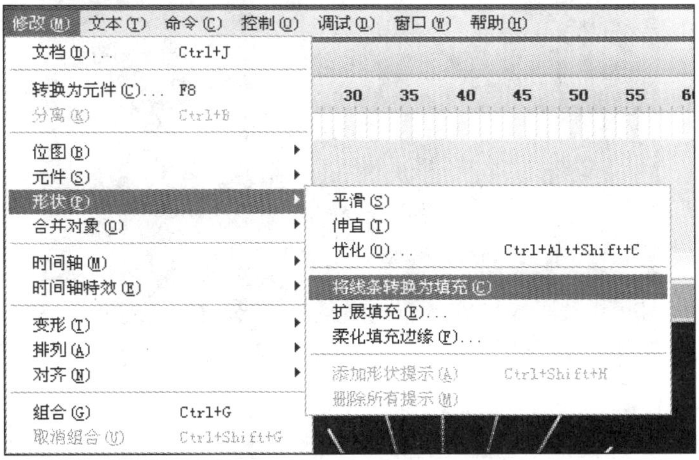

图 6-1-15

17 按快捷键 *Ctrl* + *F8*，弹出"创建新元件"对话框，设置名称为"星光闪闪"，类型为"影片剪辑"。

18 在"星光闪闪"元件中，选中"图层 1"的第 1 帧，将"星光闪闪"元件移动到场景中。新建图层 2，选中图层 2 的第 2 帧，将"星光闪闪"元件移动到场景中，并对元件执行"修改"→"变形"→"水平翻转"命令，效果如图 6-1-16 所示。

图 6-1-16

19 在图层 2 的第 45 帧插入关键帧，在第 1 帧和第 45 帧中间右击，在弹出的快捷菜单中选择"创建补间动画"选项，并在"属性"面板将动画的旋转方向设置为"逆时针"，如图 6-1-17 所示。

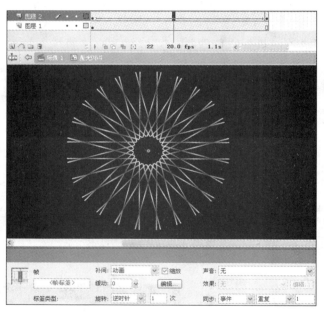

图 6-1-17

20 选中图层 2，右击，在弹出的快捷菜单中选择"遮罩层"选项，将图层 2 转换为遮罩层，如图 6-1-18 所示。

21 按快捷键 **Ctrl** + **E**，返回主场景。在场景中新建图层，将图层命名为"星光闪闪"，并将图层的位置移动到"红星"图层的下面，将"星光闪闪"元件放到新建的图层中，位置位于"红星"之下，如图 6-1-19 所示。

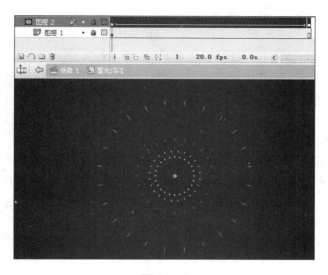

图 6-1-18

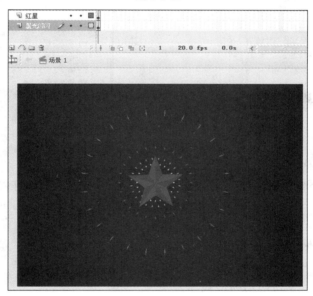

图 6-1-19

22 执行"控制"→"测试影片"命令，观察动画效果。如果满意，执行"文件"→"保存"命令，将文件保存为"闪闪红星.fla"文件。如果要导出 Flash 的播放文件，执行"文件"→"导出"→"导出影片"命令。

知识链接

遮罩动画相关知识

1. 什么是遮罩

遮罩，顾名思义就是遮挡住下面的对象。"遮罩动画"是通过"遮罩层"来达到有选择地显示位于其下方的"被遮罩层"中的内容的目的。在一个遮罩动画中，"遮罩层"

只有一个，"被遮罩层"可以有任意个。

2. 遮罩的作用

在遮罩层上绘制的图形，相当于在遮罩层中挖掉了相应形状的洞，形成透明区域。透过遮罩层内的这些透明区域可以看到其下面图层的内容，而遮罩层内无图形区域则看不到其下面图层的内容。遮罩层下面的层称为"被遮罩层"。利用遮罩层这一特殊特性可以制作一些特殊效果的遮罩动画。

3. 创建遮罩层的方法

在 Flash 中没有一个专门的按钮是用来创建遮罩层的，遮罩层是通过普通图层转化而来的。在某一图层的名称处右击，在弹出的快捷菜单中选择"遮罩层"选项，使该选项前出现对勾，如图 6-1-20 所示。这样可以将一普通图层转化为遮罩层，层图标也从普通层图标转化为遮罩层图标，系统自动将遮罩层下面的图层关联为被遮罩层，在缩进的同时图标变为。如果想让多个层关联为"被遮罩层"，只要把这些层拖到被遮罩层下面就可以了，如图 6-1-21 所示。

图 6-1-20

图 6-1-21

4. 构成遮罩和被遮罩层的元素

遮罩层中的图形对象在播放时是看不到的，遮罩层中的内容可以是按钮、影片剪辑、图形、位图、文字等，但不能使用线条。如果一定要用线条，可以将线条转化为"填充"。

被遮罩层中的对象只能透过遮罩层中的对象被看到。在被遮罩层可以使用按钮、影片剪辑、图形、位图、文字、线条。

5. 遮罩中可以使用的动画形式

可以在遮罩层、被遮罩层中分别或同时使用形状补间动画、动作补间动画、引导线动画等动画手段，从而使遮罩动画变成一个可以施展无限想象力的创作空间。

 课后实训

制作万花筒

【实训要求】

1. 理解遮罩动画的基本概念。
2. 掌握遮罩动画的创建方法。

3. 灵活运用元件。

"万花筒"效果如图 6-1-22 所示。

图 6-1-22

【评价标准】

1. 使用遮罩动画制作万花筒的动画效果是否与效果图接近。
2. 遮罩动画制作步骤是否正确。
3. 万花筒的效果是否真实。

【实训评价】

教师认真做好学生作品的评价工作，指出学生在操作过程中出现的问题，并做好点评及讲评。

 创建卷轴动画

◎ 任务描述

北京奥运会开幕式上那充满诗情画意的卷轴动画，一定还让大家记忆犹新，今天我们就要用 Flash 来制作一幅类似的对联卷轴画。通过本任务的学习，大家可以掌握遮罩动画的制作方法，加深对遮罩动画知识的理解。卷轴动画效果如图 6-2-1 所示。

◎ 技能要点

● 遮罩技术原理的应用。
● 文本文档属性的设置方法。
● 动作补间动画的灵活运用。
● 形状补间动画的灵活使用。
● 影片剪辑符号的创建与编辑。

图 6-2-1

任务实施

01 执行"文件"→"新建"命令，创建一个新文档。执行"修改"→"文档"命令，弹出"文档属性"对话框，设置"尺寸"为600像素*800像素，"背景颜色"为#FFFFFF，帧频保持默认设置。

02 执行"插入"→"新建元件"命令，弹出"创建新元件"对话框，输入名称为"竹报平安"，"类型"设置为"图形"，然后单击"确定"按钮。

03 绘制图形，设置矩形的颜色。单击工具箱中的"矩形工具"按钮 ▣ ，再单击"笔触颜色"按钮，在弹出的"颜色"面板上选择 ■ ，然后单击"填充颜色"按钮，在弹出的"颜色"面板上选择 ▣ （#7DFB00）；移动鼠标指针到"舞台"的中间，拖动鼠标绘制出一矩形。在"属性"面板中修改其属性为：宽398，高116，如图6-2-2所示。

图 6-2-2

04 执行"窗口"→"对齐"命令，打开"对齐"面板，设置为相对于舞台水平中齐和垂直中齐。

05 单击"竹报平安"图形元件，按快捷键 *Ctrl* + *C* ，然后在空白处右击，在弹出的快捷菜单中选择"粘贴到当前位置"选项，按快捷键 *Ctrl* + *Alt* + *S* ，弹出"缩放和旋转"对话框。输入缩放值为80%，如图6-2-3所示。

图 6-2-3

06 单击"颜料桶工具"按钮，设置"填充颜色"为#FFFFFF，将小矩形填充白颜色。选择两个矩形设置"笔触颜色"为"没有颜色"，如图6-2-4所示。

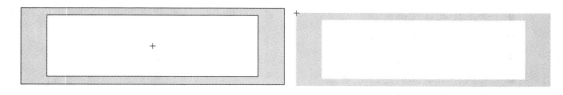

图 6-2-4

07 单击工具箱中的"文本工具"按钮，在矩形中拖动给出文本框，输入"竹报平安"

字样。字体为华文行楷，字号为 70，如图 6-2-5 所示。

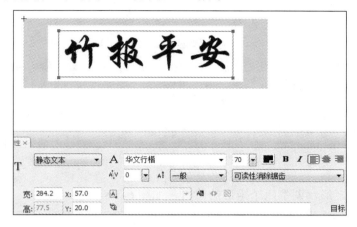

图 6-2-5

08 单击"时间轴"的上方"场景 1"，切换到"场景 1"的舞台，执行"插入"→"新建元件"命令，在弹出的"创建新元件"对话框中，输入元件的"名称"为"长条"，"类型"设置为"图形"，然后单击"确定"按钮。在"属性"面板中修改"长条"元件宽为14，高为 116，如图 6-2-6 所示。

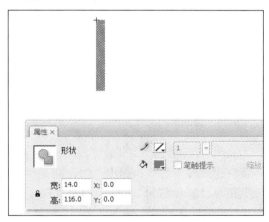

图 6-2-6

09 单击"时间轴"的上方"场景 1"，切换到"场景 1"的舞台，执行"插入"→"新建元件"命令，在弹出的"创建新元件"对话框中，输入元件的"名称"为"卷轴"，"类型"设置为"图形"，然后单击"确定"按钮。

10 执行"窗口"→"颜色"命令，打开"颜色"面板，"类型"设置为线性。滑块左端颜色为#6CD900 中间为#FFFFFF，右端为#6CD900，绘制矩形，高为 116，宽为 23。

11 单击"时间轴"左边"图层名称"底部的"插入图层"按钮，新建"图层 2"，单击选中新建的"图层 2"图层名称处，拖动到图层 1 的下面。单击"矩形工具"按钮，绘制一个小矩形，设置宽为 13，高为 26。调整上边线为弧形，如图 6-2-7 所示。

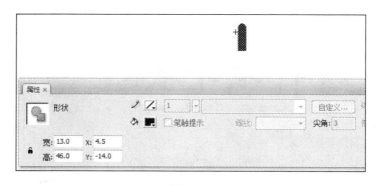

图 6-2-7

12 复制小矩形，调整两个矩形的位置，如图 6-2-8 所示。

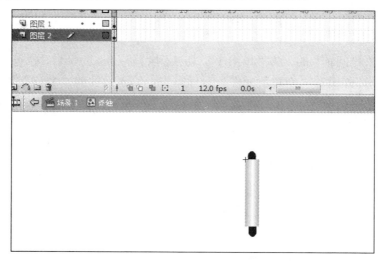

图 6-2-8

13 执行"插入"→"新建元件"命令，弹出"创建新元件"对话框，输入元件的"名称"为"横批"，"类型"设置为"影片剪辑"，然后单击"确定"按钮。

14 鼠标双击"图层 1"的图层名称处，输入"文字"将"图层 1"重新命名为"文字"。将"库"面板中的"竹报平安"元件拖入到舞台上，设置相对于舞台水平中齐和垂直中齐。

15 单击"时间轴"左边图层名称底部的"插入图层"按钮，新建"图层 2"。双击"图层 2"的图层名称处，重新命名为"长条"。将"库"面板中的"长条"元件从库中拖入到舞台上。在"对齐"面板中设置相对于舞台水平中齐和垂直中齐。效果如图 6-2-9 所示。

图 6-2-9

16 单击"时间轴"左边图层名称底部的"插入图层"按钮，新建"图层 3"。双击"图层 3"图层名称处，重新命名为"右卷轴"。将"库"面板中的"卷轴"元件拖入到舞台中，在"对齐"面板中设置为相对于舞台水平中齐和垂直中齐。

17 单击"时间轴"左边图层名称底部的"插入图层"按钮，新建"图层 4"。双击"图层 4"图层名称处，重新命名为"左卷轴"。将"库"面板中的"卷轴"元件拖入到舞台中，在"对齐"面板中设置为相对于舞台水平中齐和垂直中齐。

18 单击"文字"图层，将帧延长到110。"长条"图层中在30帧插入关键帧。用"任意变形工具"将"长条"横向拉长，并在第1帧和第30帧之间创建动作补间，如图6-2-10所示。

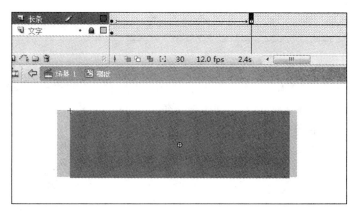

图 6-2-10

19 单击"右卷轴"图层，在第1帧将卷轴相对于舞台水平中齐和垂直中齐，延长帧至第30帧。单击卷轴，将其移到"长条"右侧，创建补间动画，如图6-2-11所示。

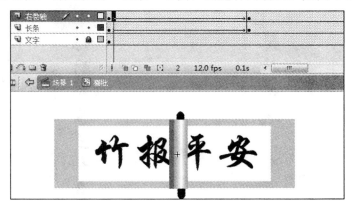

图 6-2-11

20 单击"左卷轴"图层，在第1帧将卷轴相对于舞台水平中齐和垂直中齐，延长帧至第30帧。单击卷轴，将其移到长条左侧，创建补间动画。

21 右击"长条"图层，在弹出的快捷菜单中选择"遮罩层"选项，创建图层"长条"遮住"文字"图层，并延长所有图层帧至110，如图6-2-12所示。

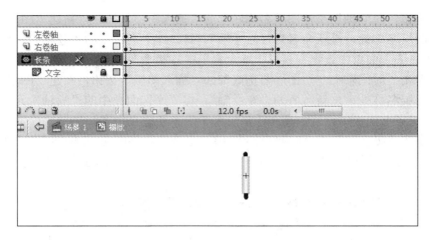

图 6-2-12

22 单击"时间轴"的上方"场景 1",切换到"场景 1"的舞台,执行"插入"→"新建元件"命令,弹出"创建新元件"对话框,输入元件"名称"为"竖批 1","类型"设置为"影片剪辑",然后单击"确定"按钮。

23 双击"图层 1"的图层名称处,输入"文字",将"图层 1"重新命名为"文字"。

24 单击工具箱中的"矩形工具"按钮,绘制竖向矩形,并用"文本工具"输入"绿竹别其三分景"。效果如图 6-2-13 所示。将其转化为图形元件,设置为相对于舞台水平中齐和垂直中齐。

25 单击"时间轴"左边"图层名称"底部的"插入图层"按钮,新建"图层 2"。双击"图层 2"图层名称处,重新命名为"长条"。用"矩形工具"绘制小长条,在"属性"面板设置宽为 116,高为 25,如图 6-2-14 所示。

图 6-2-13

图 6-2-14

26 单击"时间轴"左边"图层名称"底部的"插入图层"按钮,新建"图层 3"。双击"图层 3"图层名称处,重新命名为"卷轴 1"。将"库"面板中的"卷轴"元件拖入到舞台中,调整合适的位置。

27 单击"时间轴"左边"图层名称"底部的"插入图层"按钮,新建"图层 4"。

双击"图层 4"图层名称处，重新命名为"卷轴 2"。将"库"面板中的"卷轴"元件拖入到舞台中。

28　单击"长条"图层，按 **F6** 键在第 30 帧插入关键帧。用"任意变形工具"将"长条"横向拉长，并在第 1 帧和第 30 帧间创建形状补间动画。

29　单击"卷轴 1"图层的第 1 帧，将帧延长至 30 帧。

30　单击"卷轴 2"图层的第 1 帧，将帧延长至 30 帧，并移动卷轴到"景"字下方。在第 1 帧和第 30 帧间创建补间动画。按 **F5** 键延长所有图层至 110 帧，如图 6-2-15 所示。

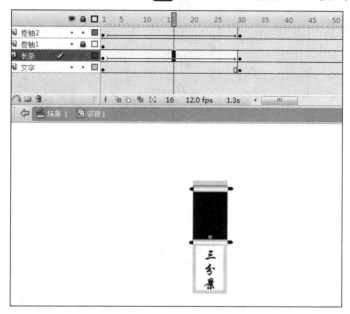

图 6-2-15

31　右击"长条"图层，在弹出的快捷菜单中选择"遮罩层"选项。创建图层"长条"遮住"文字"图层，如图 6-2-16 所示。

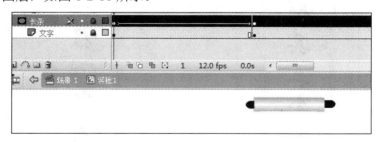

图 6-2-16

32　重复步骤 22～31，制作"竖批 2"影片剪辑，如图 6-2-17 所示。

33　单击"时间轴"的上方"场景 1"，切换到"场景 1"的舞台，将"横批"影片剪辑、"竖批 1"影片剪辑和"竖批 2"影片剪辑拖入到舞台上，调整位置，效果如图 6-2-18 所示。

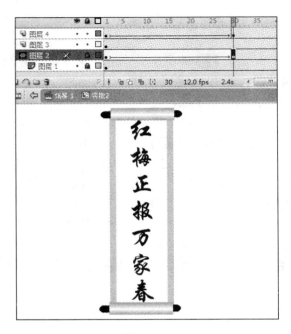

图 6-2-17

图 6-2-18

课后实训

绘制礼花绽放

【实训要求】

1. 了解遮罩动画的工作原理，理解遮罩层与被遮罩层之间的关系。

2. 理解图层、库、帧、关键帧、元件等概念。

3. 熟练掌握动作补间动画的制作方法。

"礼花绽放"效果如图 6-2-19 所示。

图 6-2-19

【评价标准】

1. 是否掌握礼花的绘制方法。

2. 是否能够灵活运用所学动画遮罩技巧创作动画作品。

3. 礼花绽放动画效果是否实现。

【实训评价】

教师认真做好学生作品的评价工作，指出学生在操作过程中出现的问题，并做好点评及讲评。

7

项 目

制作按钮与导航条

>>>>>

◎ **项目导读**

　　在 Flash CS3 中，包含三种类型元件：图形元件、按钮元件和影片剪辑元件。图形元件是一种应用最广泛，也是最基础的元件。按钮元件为一种互动形式的元件，能够对鼠标的单击、移动、按下等动作做出反应，常用于互动类的动画作品。影片剪辑元件为一个动画片段，这个动画片段既可以单独编辑，也可以成为其他元件的一部分。这些元件是 Flash 动画的重要组成部分。通过这些内容来了解按钮元件的创建及实际应用方法。

◎ **学习目标**

- 了解按钮的设置技巧。
- 了解对按钮元件添加"弹起"帧、"指针经过"帧及"按下"帧时各种不同的反应。
- 掌握图形按钮补间动画的设置方法。
- 掌握补间动画的应用技巧。
- 掌握按钮元件制作方法。

◎ **学习任务**

- 制作按钮元件。
- 制作导航条。

制作按钮元件

◎ 任务描述

　　本任务中，首先将导入的背景图像作为背景，然后新创建一个按钮元件，通过对按钮元件的"弹起"帧、"指针经过"帧及"按下"帧中添加不同的图形，完成按钮元件的制作。在制作本实例时，要注意不同帧中的图形位置要保持一致。实例效果如图 7-1-1 所示。

图 7-1-1

◎ 技能要点

- 按钮在动画制作中的应用。
- 按钮元件状态的设置。
- 按钮元件的基本制作方法。

任务实施

　　01 单击"开始"菜单，执行"开始"→"程序"→"Adobe Flash CS3"命令，启动 Adobe Flash CS3，弹出 Adobe Flash CS3 的启动界面。选择"新建"选项组中的"Flash 文件（ActionScript 3.0）"文档，进入工作界面。

　　02 执行"修改"→"文档"命令，弹出"文档属性"对话框，设置尺寸为 500 像素*400 像素，设置背景颜色为"白色"，单击"确定"按钮。

03 执行"文件"→"导入"→"导入到库"命令，弹出"导入到库"对话框，打开书本附带光盘中的"项目七 按钮与菜单"→"制作按钮元件"→"制作按钮元件素材.psd"文件，弹出"将'制作按钮元件素材.psd'导入到库"对话框，如图 7-1-2 所示，选择所有图层，选择"具有可编辑图层样式的位图图像"单击按钮，然后单击"确定"按钮，将位图导入到场景中。

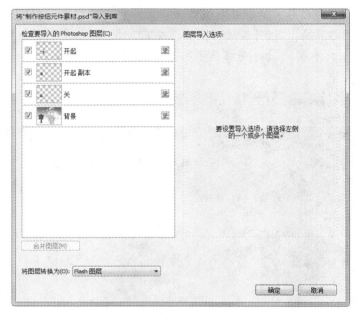

图 7-1-2

04 选择"图层 1"的第 1 帧，将"库"面板中的"制作按钮元件素材.psd 资源"文件夹下的"背景"元件拖至场景的中心位置，如图 7-1-3 所示。

图 7-1-3

05 执行"插入"→"新建元件"命令，弹出"创建新元件"对话框，设置"类型"为"按钮"，单击"确定"按钮，退出该对话框，打开元件编辑窗口。

06 选择"弹起"帧，然后将"库"面板中的"关闭"元件拖至场景中，如图 7-1-4 所示。

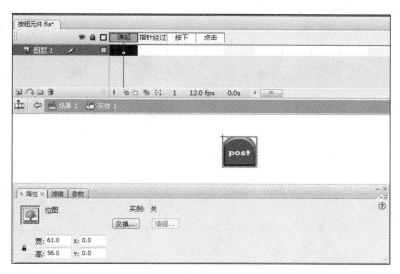

图 7-1-4

07 选择"指针经过"帧，右击，在弹出的快捷菜单中选择"插入空白关键帧"选项，在"指针经过"帧中添加空白关键帧，如图 7-1-5 所示。

图 7-1-5

08 将"库"面板中的"开启副本"元件拖至场景中，如图 7-1-6 所示。

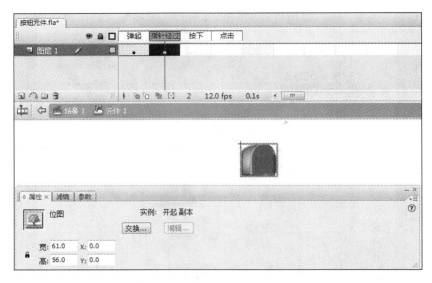

图 7-1-6

09 选择"按下"帧，右击，在弹出的快捷菜单中选择"插入空白关键帧"选项，在"按下"帧中添加空白关键帧，然后将"库"面板中的"开启"元件拖至场景中，如图 7-1-7 所示。

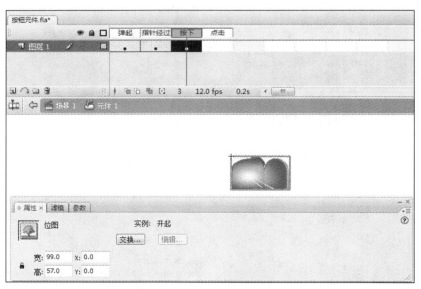

图 7-1-7

10 单击时间轴中的"编辑场景"按钮 ，在弹出的下拉列表中选择"场景 1"选项，打开场景编辑窗口，在"库"面板中将"元件 1"按钮拖至场景中，并将该按钮移至图 7-1-8 所示的位置。

图 7-1-8

11 按快捷键 *Ctrl* ＋ *Enter*，测试影片效果，可以单击观看按钮效果。图 7-1-9 所示为本实例完成后的效果。

图 7-1-9

知识链接

认识按钮元件

1. 按钮元件的特点

按钮元件：实际上是一个只有 4 帧的影片剪辑，但其时间轴不能播放，只是根据鼠标指针的动作做出简单的响应，并转到相应的帧。通过给舞台上的按钮实例添加动作语句而实现 Flash 影片强大的交互性。

2. 按钮元件区别于其他元件及应用中需注意的问题

1）影片剪辑元件、按钮元件和图形元件最主要的差别在于：影片剪辑元件和按钮元件的实例上都可以加入动作语句，图形元件的实例上则不能；影片剪辑里的关键帧上可以加入动作语句，按钮元件和图形元件则不能。

2）影片剪辑元件和按钮元件中都可以加入声音，图形元件则不能。

3）影片剪辑元件的播放不受场景时间线长度的制约，它有元件自身独立的时间线；按钮元件独特的 4 帧时间线并不自动播放，而只是响应鼠标事件；图形元件的播放完全受制于场景时间线。

4）影片剪辑元件在场景中测试时看不到实际播放效果，只能在各自的编辑环境中观看效果，而图形元件在场景中即可适时观看，可以实现所见即所得的效果。

5）三种元件在舞台上的实例都可以在"属性"面板中相互改变其行为，也可以相互交换实例。

6）影片剪辑中可以嵌套另一个影片剪辑，图形元件中也可以嵌套另一个图形元件，但是按钮元件中不能嵌套另一个按钮元件；三种元件可以相互嵌套。

实例动画创建用导入的静态图片建立逐帧动画：用.jpg、.png等格式的静态图片连续导入 Flash 中，就会建立一段逐帧动画。

3．制作按钮元件

01 新建一个影片文档，执行"插入"→"新建元件"命令，弹出"创建新元件"对话框，在"名称"中输入"按钮"，"类型"设置为"按钮"。

02 单击"确定"按钮，进入到按钮元件的编辑场景中，如图 7-1-10 所示。

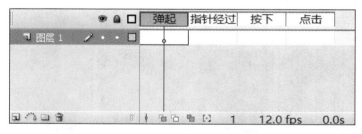

图 7-1-10

按钮有特殊的编辑环境，通过在四个不同状态的帧时间轴上创建关键帧，可以指定不同的按钮状态。

"弹起"帧：表示鼠标指针不在按钮上时的状态。

"指针经过"帧：表示鼠标指针在按钮上时的状态。

"按下"帧：表示鼠标单击按钮时的状态。

"点击"帧：定义对鼠标做出反应的区域，这个反应区域在影片播放时是看不到的。

任务小结

本任务学习了 Flash 中的三种元件类型，它们有着不同的作用。需要特别理解的是，当创建一个元件以后，就可以在"库"面板中看到它，然后可以把它拖到舞台上，从而创建它的实例。元件和实例的一个重要特征是，一个元件可以创建多个实例，修改了元件后，相应的实例就会随之改变，而改变了实例以后，元件不会发生变化。

课后实训

制作变色按钮、文字按钮

【实训要求】

1. 掌握其他动作的交互按钮的制作。

2. 掌握按钮跳转效果的制作。

3. 熟悉 Flash 软件的工作环境及界面。

变色按钮效果如图 7-1-11 所示。

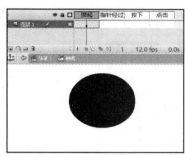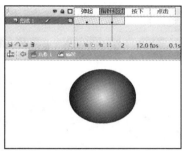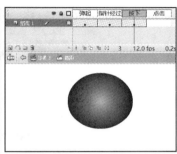

图 7-1-11

文字按钮效果如图 7-1-12 所示。

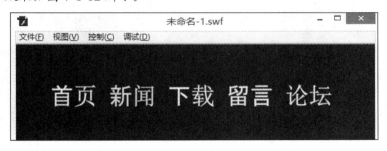

图 7-1-12

【评价标准】

1. 按钮元件放在场景中是否能够运用起来。

2. 制作步骤是否规范。

3. 动画制作设置是否合理、美观。

【实训评价】

教师认真做好学生作品的评价工作，指出学生在操作过程中出现的问题，并做好点评及讲评。

任务 7.2　制作导航条

◎ 任务描述

　　导航条在网站网页上起引导的作用，并且是指引和方便浏览者访问另一页面的快速通道。网站上导航条内容比较多，我们能否参照网页的方式制作出相近的导航按钮？本任务就是引导大家来制作导航条，为网页锦上添花。设置文档大小为 550 像素*400 像素，其他默认。导航条效果如图 7-2-1 所示。

图 7-2-1　导航条效果

◎ 技能要点

- 按钮的制作。
- 按钮控制导航条的跳转。
- 场景中按钮的应用。
- 导航条背景的绘制。

 任务实施

　　01 启动 Flash CS3，新建一个空白文档。执行"文件"→"保存"命令，在弹出的"另存为"对话框中选择动画保存的位置，输入文件名称"导航按钮.fla"，如图 7-2-2 所示，然后单击"保存"按钮。

图 7-2-2

02 执行"修改"→"文档"命令，在弹出的"文档属性"对话框中设置舞台尺寸为
600 像素*400 像素，单击"确定"按钮。执行"文件"→"导入"→"导入到舞台"命令，
在弹出的"导入"对话框中选择"项目七→绘制导航条"文件夹下的"背景"素材，单击
"打开"按钮，并使其相对于舞台水平居中、垂直居中。

03 执行"插入"→"新建元件"命令，弹出"创建新元件"对话框，在"名称"文
本框中输入"首页"，"类型"设置为"按钮"，单击"确定"按钮，进入元件编辑区。

04 更改元件编辑区"图层 1"名称为"背景"，利用"矩形工具"在舞台中绘制一
个填充颜色为蓝色，笔触颜色无，大小为 100 像素*35 像素的圆角矩形，此时"弹起"帧
自动转为关键帧，如图 7-2-3 所示。

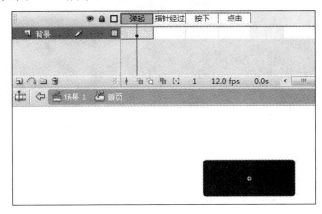

图 7-2-3

05 选择该矩形，使其相对于舞台水平居中、垂直居中。

06 在文字层的"指针经过"帧、"按下"帧处按 *F6* 键插入关键帧，将文字的填充
颜色分别更改为黄色、绿色。

07) 在"背景"图层上插入新图层，重命名为"文字"。

08) 选择"文字"图层，单击"文本工具"按钮，设置填充颜色为绿色，在"弹起"帧输入文字"首页"，并相对于舞台水平居中、垂直居中，如图 7-2-4 所示。

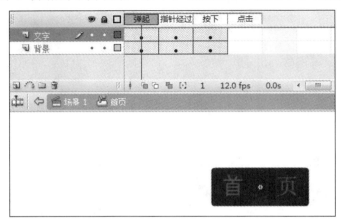

图 7-2-4

09) 在文字层的"指针经过"帧、"按下"帧处按 **F6** 键插入关键帧，将文字的填充颜色分别更改为蓝色、红色。

10) 重复步骤 1～9，分别制作"简介"、"招生"、"就业"和"联系"四个按钮。

11) 按快捷键 **Ctrl** + **E** 返回主场景中，执行"文件"→"保存"命令，保存文件。按快捷键 **Ctrl** + **Enter**，测试影片。效果如图 7-2-5 所示。

图 7-2-5

知识链接

导航条相关知识

1. 导航条的组成

导航条在网页中是必不可少的。其实导航条是由一个个按钮组成的，为了加强其美观性，通常使用图片充当按钮，如图 7-2-6 所示。一个常用按钮有"弹起"、"指针经过"、"按下"、"点击"四个基本组成部分，由这 4 帧组成一个按钮动画。

图 7-2-6

2．各个按钮的介绍

1）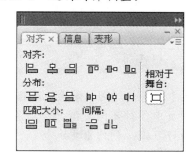 按钮的作用是锁定已建图层，已被锁定图层则在该图层显示一个略小的锁，如图 7-2-7 所示。

2）对齐调板：对齐调板是把被选中对象以舞台中心点为中心进行对齐调整。

使用方法：如图 7-2-8 所示的对齐调板中"相对于舞台"按钮 始终处于被按下状态。选择对象，单击对齐调板左侧的 17 个按钮之一进行对齐调整。

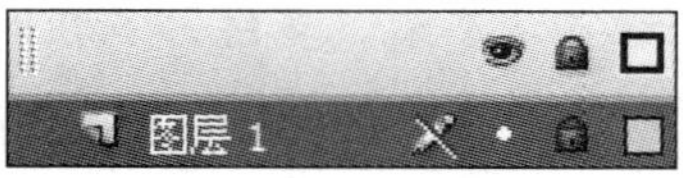

图 7-2-7   图 7-2-8

3）属性调板：图 7-2-9 所示为属性调板，调整被选中对象的属性。

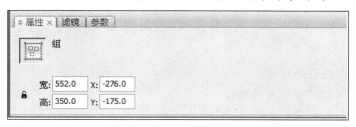

图 7-2-9

4）滤镜调板：图 7-2-10 所示为滤镜调板，为被选中对象添加投影、发光等效果。

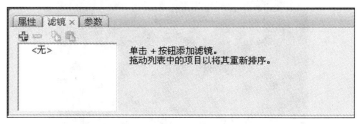

图 7-2-10

3．导航条的风格

1）国字形的导航布局。

2）T字形的导航布局。

3）左右宽度的导航布局。

4）上下宽度的导航布局。

4. 导航条的设计原则

1）提供相关资源的链接。

2）一致性原则。

3）网站板块和层次的划分合理性。

5. 导航条的布局方式

1）水平导航条。

2）垂直导航条。

3）POP导航条。

任务小结

通过本任务的学习，学生应知道文本图像链接的方法、鼠标经过图标效果的制作方法，掌握在网页中各种不同类型的导航条的制作方法，还应该养成多看、多练、多在网上学习及模仿的好习惯，创作出更加新颖、更加内容丰富的导航条实例。

课后实训

制作个人简历

【实训要求】

1. 能够绘制导航条的背景。

2. 能够用按钮控制导航条的跳转。

3. 掌握文本工具的使用。

4. 会添加脚本实现导航条的超链接。

个人简历导航条效果如图 7-2-11 所示。

图 7-2-11

【评价标准】
1. 是否能够绘制导航条的背景。
2. 是否能够用按钮控制导航条的跳转。
3. 文本工具的使用是否熟练。
4. 是否能够制作精彩的导航条。
5. 整个作品的大小构建比例是否协调？

【实训评价】
　　教师认真做好学生作品的评价工作，指出学生在操作过程中出现的问题，并做好点评及讲评。

8

项 目

音频和视频的应用

>>>>

◎ **项目导读**

    在 Flash 中，音频、视频是多媒体作品中不可或缺的一种媒介。在动画制作中，为了使动画效果更具感染力，常常需要插入声频。例如，背景音乐、动感的按钮音效、适当的旁白等。合理地插入音频，可以更加贴切地表达动画作品的深层内涵。音频、视频进入动画以后，成为动画这个综合艺术的一个有机部分，它在突出动画的感情、加强动画的戏剧性、渲染动画的气氛方面起着特殊的作用。

◎ **学习目标**

- ● 能根据情况为各个动画添加相应的声音。
- ● 掌握控制声音的显示方式。
- ● 掌握添加各种视频的方法。

◎ **学习任务**

- ● 制作宝宝相册 MTV。
- ● 制作机场标示牌。

制作宝宝相册 MTV

◎ 任务描述

　　课堂上老师将自己做的电子相册展示给同学们欣赏，同学们异口同声地说"呀，真好看，要是以后我也能做这样的电子相册那该多好呀！"本任务为创建宝宝相册MTV，要求同学们通过 Flash 软件，利用所给素材，通过在动画中添加音频、编辑音频的方法来制作一个"宝宝相册"的 MTV 动画，效果如图 8-1-1 所示。

图 8-1-1

◎ 技能要点

● 音频的添加与编辑。

● 动画的制作流程和动画的制作方法。

● 素材的正确处理。

任务实施

　　01 新建 Flash 文件，命名为"宝宝相册动画.fla"。设置舞台尺寸为 600 像素*400 像素，帧频为 24fps。

　　02 将歌曲"理查德克莱德曼-献给爱丽丝"和宝宝图片导入到库，如图 8-1-2 和图 8-1-3 所示。

图 8-1-2

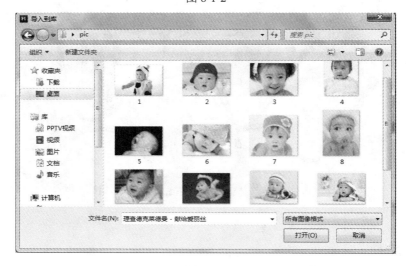

图 8-1-3

03 制作图片元件，将导入到库的图片逐一转化为图形元件（共 13 张图片），如图 8-1-4 所示。

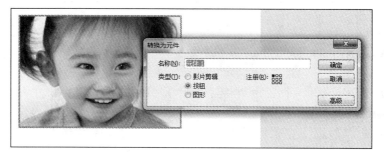

图 8-1-4

04 转化成图形元件后的图片加上了边框。按快捷键 **Ctrl** ＋ **B** 将图片打散，然后用 "墨水瓶工具" 填充边缘，线条大小为 30，颜色为黑色，如图 8-1-5 所示。

图 8-1-5

05 将场景命名为 "片头"，如图 8-1-6 所示。

图 8-1-6

06 将歌曲拖入舞台，并给该图层重命名为 "歌曲"，在第 450 帧位置处插入帧，如图 8-1-7 所示。

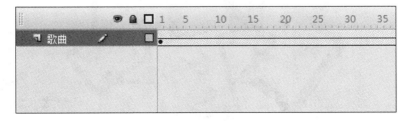

图 8-1-7

07 新建图像元件，命名为 "遮挡"，大小为 600 像素*400 像素，颜色为放射状，左

中右三点颜色数值均为#00FFFF；左侧和中间颜色透明度为 0，右侧为 30。效果如图 8-1-8
所示。

图 8-1-8

08 图层"遮挡"，将遮挡元件放入舞台，按快捷键 **Ctrl** + **K**，打开"对齐"面板，
设置"遮挡"相对于舞台水平垂直中齐，如图 8-1-9 所示。

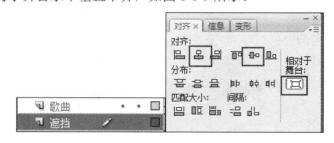

图 8-1-9

09 组合图片。新建元件，命名为"图片集 1"，随意挑选图形制作如图 8-1-10 的组
合。返回场景，在图层"歌曲"上新建一个图层，命名为"A"，将"图片集 1"放入舞台。
在第 293 帧处插入帧。效果如图 8-1-10 所示。

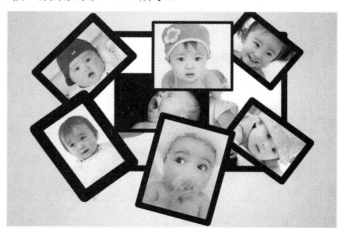

图 8-1-10

10 新建图层，命名为"文字"，添加文字"宝宝相册"，如图 8-1-11 所示。

图 8-1-11

11 图片出现动画。新建图层"B"，在第 20 帧插入关键帧，选择一个已经修饰的图片放入，将图片居中对齐，大小调稍小一些，如图 8-1-12 所示。在第 75 帧插入关键帧，并把图片调大，创建动画补间，如图 8-1-13 所示。

图 8-1-12（20 帧样式）

图 8-1-13（75 帧样式）

12 在图层"B"的第 110 帧插入关键帧。新建图层"C"，在第 11 帧插入关键帧，放入新的图片在舞台外，如图 8-1-14 所示。

图 8-1-14

13 在图层"B"的第 130 帧插入关键帧，并把第一张图片平行拖出舞台，在第 110 帧和第 130 帧间做补间动画，如图 8-1-15 所示。

图 8-1-15

14 在"C"图层的第 160 帧插入关键帧，并把图片拉长一些垂直居中对齐，在第 110 帧和第 160 帧做补间动画，如图 8-1-16 所示。

图 8-1-16

15 在第一张图片的第 131 帧插入空白关键帧，如图 8-1-17 所示。

图 8-1-17

16 按照步骤 10～15 的方法，分别给其他图片创建动画，如图 8-1-18 所示。

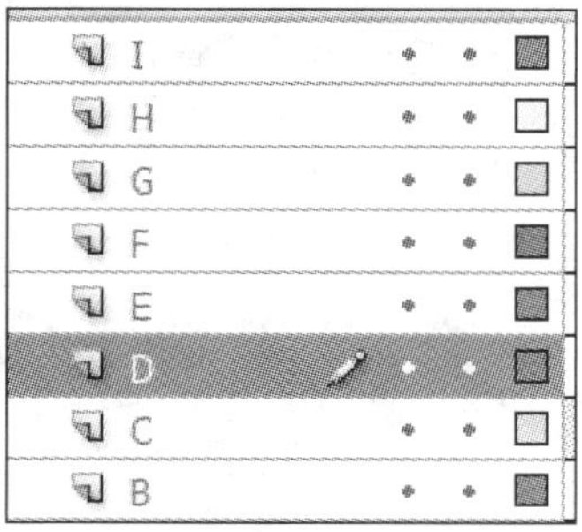

I	•	•	■
H	•	•	□
G	•	•	■
F	•	•	■
E	•	•	■
D	✎	•	□
C	•	•	□
B	•	•	■

图 8-1-18

17 新建图层，命名为"幕布"，在场景上下方添加幕布，如图 8-1-19 所示。

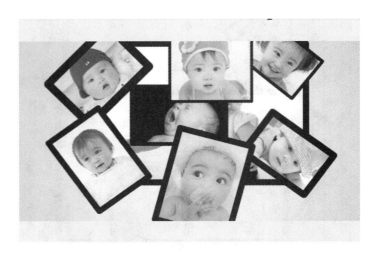

图 8-1-19

18 新建图层，命名为"字幕"，如图 8-1-20 所示。

字幕
幕布
I
H
G
F
E
D

图 8-1-20

19 给字幕图层添加文字动画，如图 8-1-21 所示。

每 个 孩 子 都 是 一 个 天 使

图 8-1-21

20 新建一场景，命名为"片尾"，打开片尾场景，如图 8-1-22 所示。

图 8-1-22

21 在片尾场景制作谢幕场景，如图 8-1-23 所示。

图 8-1-23

22 新建元件，命名为 play，制作一个 paly 按钮。在"片头"场景中，新建图层，命名为"按钮"，将按钮放到"片头场景中"，如图 8-1-24 所示。

图 8-1-24

23 在"片头"场景中，新建图层 AS，选中第 1 帧，按 **F9** 键，在打开的动作面板中输入脚本语句"stop();"，如图 8-1-25 所示。

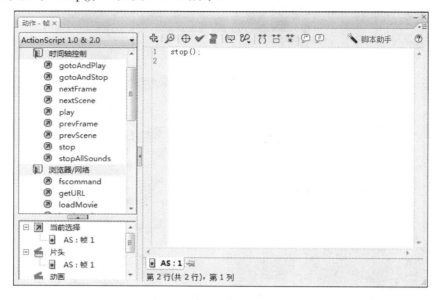

图 8-1-25

24 选中 play 按钮，按 **F9** 键，在按钮上执行图 8-1-26 所示的动作。

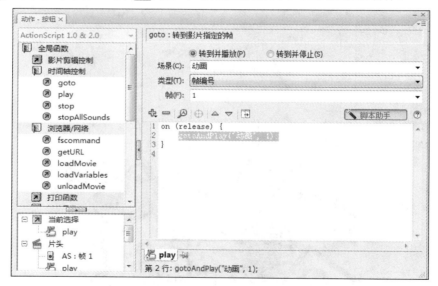

图 8-1-26

25 新建元件，命名为 replay，制作一个 replay 按钮。在"片尾"场景中，新建图层，命名为"按钮"，将按钮放到"片尾"场景中，如图 8-1-27 所示。

26 在"片尾"场景中，新建图层 AS，选中第 1 帧，按 F9 帧，在打开的动作面板中输入脚本语句"stop();"，如图 8-1-25 所示。

图 8-1-27

27　选中 replay 按钮，按 **F9** 键，在按钮上执行图 8-1-28 所示的动作。

图 8-1-28

> **知识链接**
>
> ### 声音文件的设置及使用方法
>
> 　　Flash 提供了许多使用声音的方式，可以使声音独立于时间轴连续播放，或使动画与一个声音同步播放，还可以向按钮添加声音，使按钮具有更强的感染力。另外，通过设置淡入淡出效果还可以使声音更加优美。由此可见，Flash 对声音的支持已经由先前的实用，转到了现在的既实用又求美的阶段。
>
> 　　1.　将声音导入 Flash
>
> 　　只有将外部的声音文件导入到 Flash 以后，才能在 Flash 作品中加入声音效果。能直接导入 Flash 的声音文件，主要有 WAV 和 MP3 两种格式。另外，如果系统上安装了 QuickTime 或更高的版本，就可以导入 AIFF 格式和只有声音而无画面的 QuickTime 影片格式。

2. 引用声音

将声音从外部导入 Flash 以后，时间轴并没有发生任何变化。必须引用声音文件，声音对象才能出现在时间轴上，才能进一步应用声音。

3. 声音属性设置和编辑

选择"声音"图层的第 1 帧，打开"属性"面板。"属性"面板中有很多设置和编辑声音对象的参数，如图 8-1-29 所示。

图 8-1-29

面板中各参数的意义如下：

"声音"选项：从中可以选择要引用的声音对象，这也是另一个引用库中声音的方法。

"效果"选项：从中可以选择一些内置的声音效果，如声音的淡入、淡出等效果。

"编辑"按钮：单击此按钮弹出声音的编辑对话框，可以对声音进行进一步的编辑。

"同步"：这里可以选择声音和动画同步的类型，默认的类型是"事件"类型。另外，还可以设置声音重复播放的次数。

引用到时间轴上的声音，往往还需要在声音的"属性"面板中对其进行适当的属性设置，才能更好地发挥声音的效果。下面详细介绍有关声音属性设置以及对声音进一步编辑的方法。

编辑声音文件的具体操作如下：

01 在帧中添加声音，或选择一个已添加了声音的帧，然后打开"属性"面板，单击"编辑"按钮。

02 弹出的"编辑封套"对话框，如图 8-1-30 所示。"编辑封套"对话框分为上、下两部分，上面是左声道编辑窗口，下面是右声道编辑窗口，在其中可以执行以下操作。

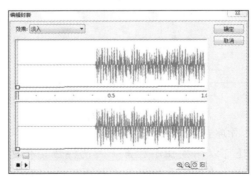

图 8-1-30

要改变声音的起始和终止位置，可拖动"编辑封套"中的"声音起点控制轴"和"声音终点控制轴"。图 8-1-31 所示为调整声音的起始位置。

在对话框中，白色的小方框称为节点，上下拖动它们，改变音量指示线垂直位置，可以调整音量的大小。音量指示线位置越高，声音越大。单击编辑区，在单击处会增加节点，拖动节点到编辑区的外边，进行音量的调节。

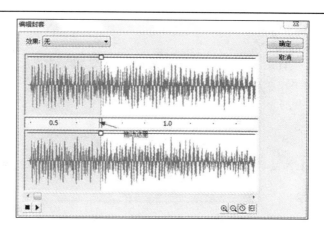

图 8-1-31

单击"放大"或"缩小"按钮，可以改变窗口中显示声音的范围。

要在秒和帧之间切换时间单位，请单击"秒"和"帧"按钮。

单击"播放"按钮，可以试听编辑后的声音。

任务小结

通过本任务的学习，学生应知道基本动画的创建方法，能在动画中添加音频，掌握 MTV 的制作流程，了解 MTV 包含的要素，同时知道制作 MTV 需要注意的技巧，能够利用所学知识创建一个个人相册的 MTV。

课后实训

控制声音长度

【实训要求】

1. 掌握动画中调整声音长度的方法。

2. 设置秒表类的动画，能够将声音与动画同步。

动画效果如图 8-1-32 所示。

图 8-1-32

【评价标准】

1. 是否能够导入 Flash 动画。
2. 是否能够设置秒针走一秒所用的时间正好为一帧。
3. 是否能够在动画中控制声音长度。
4. 制作步骤是否规范。
5. 闹钟制作是否合理、美观。

【实训评价】

　　教师认真做好学生作品的评价工作，指出学生在操作过程中出现的问题，并做好点评及讲评。

 制作机场标示牌

◎ 任务描述

　　将视频作为影片剪辑导入动画，这也是动画中添加多媒体的一种形式，会给动画增加更加直观的效果。本实例是为动画内容添加一个机场的显示牌，显示牌的内容为一段.gif 格式的视频，将该视频设置为影片剪辑后，应用于动画中。在制作 Flash 动画时，应注意在"导入视频"对话框中的各项设置。标示牌效果如图 8-2-1 所示。

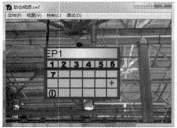

图 8-2-1

◎ 技能要点

● .avi 格式动态标示。
● 视频的导入。
● 文件的"导入"、"导出"和"导出影片"。
● 不同图层中添加各视频的方法。

 任务实施

01 启动 Flash CS3，创建一个新的"Flash 文件（ActionScript 2.0）"文档。

02 执行"修改"→"文档"命令，弹出"文档属性"对话框，设置文件尺寸宽为

450 像素，高为 300 像素，设置背景颜色为"白色"，设置帧频为 12fps。

03 导入素材图片。执行"文件"→"导入"→"导入到舞台"命令，弹出"导入"对话框，打开光盘中的"背景.jpg"文件，将该素材导入至场景中，调整好适当的位置，如图 8-2-2 所示。

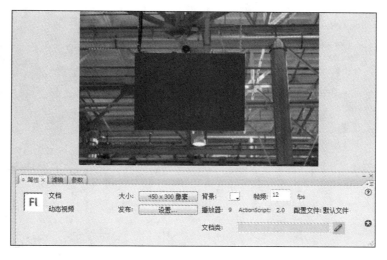

图 8-2-2

04 导入.gif 格式素材。执行"文件"→"导入"→"导入视频"命令，弹出"导入视频"对话框，单击"浏览"按钮，弹出"打开"对话框，打开光盘中的素材"动态标示.gif"文件，如图 8-2-3 所示。

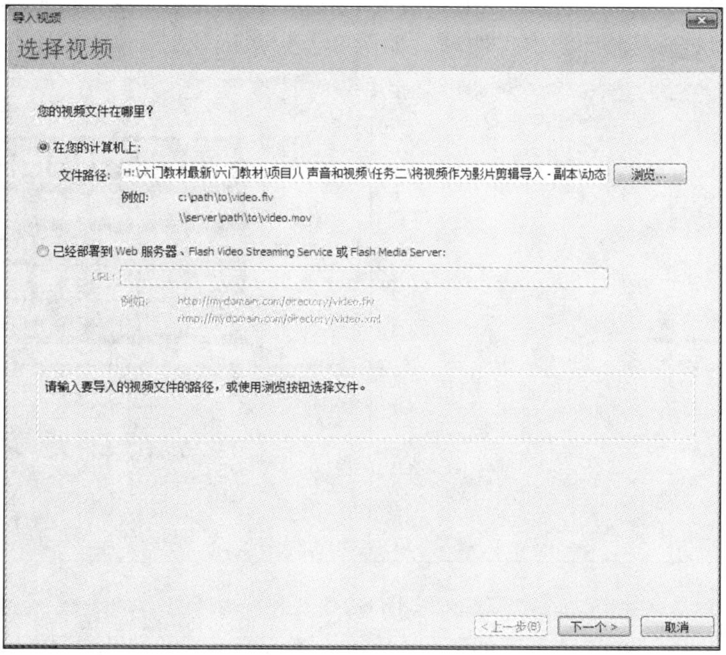

图 8-2-3

05 单击"下一个"按钮，弹出"部署"对话框，在该对话框中选择"在 SWF 嵌入视频并在时间轴上播放"单选按钮，如图 8-2-4 所示。

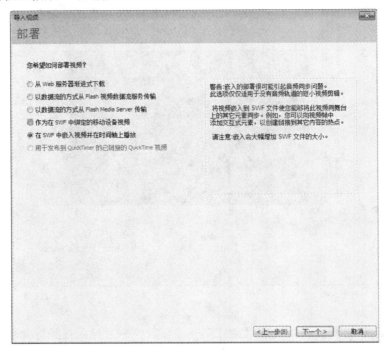

图 8-2-4

06 单击"下一个"按钮，弹出"嵌入"对话框，单击"符号类型"下拉按钮，在弹出的下拉列表中选择"影片剪辑"选项，如图 8-2-5 所示。

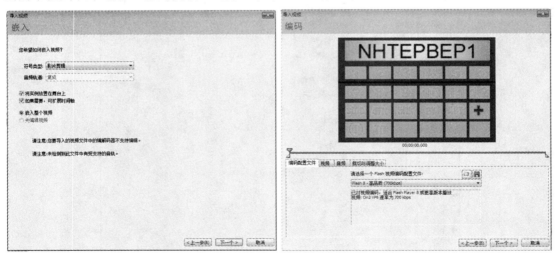

图 8-2-5

07 单击"下一个"按钮，弹出"编码"对话框，在该对话框中使用默认设置，单击"下一个"按钮，弹出"完成视频导入"对话框，单击"完成"按钮，将视频文件导入场景中。

08 选择导入的"标示动态"视频文件，然后单击工具箱中的"任意变形工具"按钮，如图 8-2-6 所示调整该文件在场景中的位置和大小。

图 8-2-6

09 按快捷键 *Ctrl* ＋ *Enter*，测试影片效果，如图 8-2-7 所示。

图 8-2-7

知识链接

应 用 视 频

1. 可导入视频文件类型

Flash 拥有的视频类型会因计算机所安装的软件不同而不同。如果机器上安装了 QuickTime 7 或以上版本，则在导入嵌入视频时支持包括 MOV(QuickTime 影片)、AVI(音频视频交叉文件) 和 MPG/MPEG (运动图像专家组文件) 等格式的视频剪辑。

2. 导入视频文件

Flash 可以导入的视频文件的种类很多，其中常用的由 DirectX8.0 支持的视频文件有以下几种：

1) Audio Video Interleaved 文件，扩展名为.avi。

2) Windows Media File 文件，扩展名为.wmv 或.asf。

3) Motion Picture Experts Group 文件，扩展名为.mpg 或.mpeg。

常用的由 QuickTime 支持的视频文件如下：

1) Audio Video Interleaved 文件，扩展名为.avi。

2) Motion Picture Experts Group 文件，扩展名为.mpg 或.mpeg。

3）QuickTime Movie 文件，扩展名为.mov。

4）Digital Video 文件，扩展名为.dv。

任务小结

本任务介绍了视频的导入方法和编辑技巧。合理使用视频可以为作品添加感染力。在动画中添加声音与视频效果，会产生声情并茂的动画效果，相信这会给动画制作带来意想不到的惊喜。

课后实训

使用图层控制视频

【实训要求】

1. 掌握视频动画的制作方法。

2. 掌握 MOV 的制作方法。

3. 掌握视频文件的导入方法。

"使用图层控制视频"效果如图 8-2-8 所示。

图 8-2-8

【评价标准】

1. 是否能够使用图层控制视频。

2. 是否能够制作两张图片渐隐并转换的动画。

3. 是否能够为场景中导入一个.mov 格式的视频文件。

4. 整个作品的大小构建比例是否协调。

【实训评价】

教师认真做好学生作品的评价工作，指出学生在操作过程中出现的问题，并做好点评及讲评。

9

项 目

Action Script 编程运用

>>>>

◎ **项目导读**

　　ActionScript 是一种编程语言，它的语法和编写 Web 应用程序的 JavaScript 语言非常相似。ActionScript 是 Flash 动画的一个重要组成部分，是 Flash 动画交互功能的精髓。

　　从 Flash CS3 开始，软件全面支持 ActionScript 3.0，因此在使用 Flash CS3 制作动画时，一定要注意使用 ActionScript 3.0。本项目介绍 ActionScript 语句的基本概念、语法及添加方法，并通过制作实例来讲述 ActionScript 的强大功能，如何实现交互与特殊效果。

◎ **学习目标**

- 了解动作面板的使用方法。
- 掌握 ActionScript 的语法规则。
- 理解 ActionScript 的编程要素。
- 学会如何在 Flash 中为按钮元件实例、影片剪辑实例等对象添加动作脚本。

◎ **学习任务**

- 制作大笨熊走路动画。
- 制作下雨动画。
- 福娃属性控制。
- 制作动态时钟。

任务 9.1 制作大笨熊走路动画

◎ 任务描述

　　大笨熊走路动画主要通过在按钮中添加控制语句，达到对大笨熊行走动作的控制。学生通过本任务的制作应熟练掌握影片剪辑的播放，掌握如何添加按钮及脚本代码。实例效果如图 9-1-1 所示。

图 9-1-1

◎ 技能要点

- 外部图片的导入和应用。
- 文档属性的设置方法。
- 使用窗口菜单公用库添加按钮。
- 快捷键 **Ctrl** + **K**（对齐面板）的灵活运用。
- 如何对按钮添加脚本语句。

任务实施

　　01 执行"文件"→"新建"命令，创建一个新文档。文档尺寸为 350 像素*200 像素，背景颜色为#FFFFFF、帧频保持默认设置。

　　02 执行"文件"→"导入"→"导入到库"命令，弹出"导入到库"对话框，选择大笨熊.gif 图片导入到"库"面板，如图 9-1-2 所示。

　　03 单击"时间轴"的上方"场景 1"，切换到"场景 1"的舞台。选中"库"面板中的"位图 2"元件，拖动到"舞台"的上边中间位置，如图 9-1-3 所示。

图 9-1-2   图 9-1-3

04 新建文档的主场景在"时间轴"上只有一个"图层 1"和一个"空白关键帧"，将"大笨熊"拖放到"舞台"上以后，就直接加到"图层 1"的第一帧上，同时第一帧变成"关键帧"。"关键帧"是用来定义动画变化状态的帧，显示为实心圆，如图 9-1-4 所示。

图 9-1-4

05 双击"图层 1"的图层名称处，重命名为"大笨熊"。单击选中"大笨熊"图层的第 1 帧，执行"窗口"→"对齐"命令，打开"对齐"面板，设置为相对于舞台水平中齐和垂直中齐。

06 单击"大笨熊"图层的第 2 帧，按 **F7** 键插入空白关键帧，将"库"面板中的位图 3 拖动到场景上，设置为相对于舞台水平中齐和垂直中齐。

07 单击"大笨熊"图层的第 3 帧，按 **F7** 键插入空白关键帧，将"库"面板中的位图 4 拖动到场景上，设置为相对于舞台水平中齐和垂直中齐。依此类推，将"库"面板中位图 5 到位图 11 分别拖到第 4 帧到第 10 帧中，并分别设置为相对于舞台水平中齐和垂直中齐。

08 单击图层 1 的第 1 帧，按 **F9** 键打开动作面板输入"stop();"，如图 9-1-5 所示。

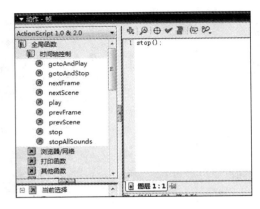

图 9-1-5

09 单击图层 1 的第 10 帧，按 F9 键打开动作面板，输入 "gotoAndplay(2)"。

10 新建图层 2，单击图层 2 的第 1 帧，将两个按钮元件拖动到场景，再用"文本工具"分别输入"走"和"停"，如图 9-1-6 所示。

图 9-1-6

11 单击"走"按钮，按 F9 键打开动作面板输入以下代码，如图 9-1-7 所示。

```
on(release){
 gotoAndplay(2)
}
```

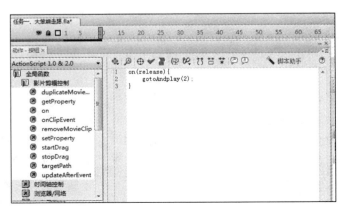

图 9-1-7

12　单击"停"按钮，按 **F9** 键打开动作面板并输入以下代码。

```
on(release){
 gotoAndstop(1);
}
```

13　单击图层 2 的第 10 帧，并按 **F5** 键将帧延长到第 10 帧，如图 9-1-8 所示。

14　执行"控制"→"测试影片"命令，测试窗口如图 9-1-9 所示。

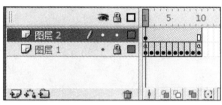

图 9-1-8　　　　　　　　　　　　　　　　　图 9-1-9

15　保存动画。执行"文件"→"保存"命令，弹出"另存为"对话框，指定文件保存的路径，输入文件名"大笨熊走路"，保存类型为"Flash CS3 文档（*.fla）"，即文件的扩展名为".fla"。最后单击"保存"按钮，保存动画。

知识链接

ActionScript 概述

1. ActionScript 的基本语法

在使用 ActionScript 语句编辑动作脚本之前，首先介绍 ActionScript 的基本语法。

1）点语法。在 ActionScript 2.0 中，点"."用来指定对象的相关属性和方法，并标识指向的动画片段或变量的目标路径。例如，表达式"zz._y"即表示段"zz"动画片的_y 属性。点语法还包括_root 和 _parent 这两个特殊的别名。其中，_root 用于创建绝对路径，表示动画中的主时间轴；而 _parent 则用于对嵌套在当前动画中的动画片段进行引用。

2）大括号。在 ActionScript 中，大括号"{ }"用来将代码分成不同的块，以作为区分程序段落的标记。

3）圆括号。在 ActionScript 2.0 中，圆括号"( )"用来放置使用动作时的参数、定义一个函数，以及对函数进行调用等，也可用来改变 ActionScript 的优先级。

4）分号。在 ActionScript 2.0 中，分号";"用于 ActionScript 语句的结束处，用来表示该语句的结束。

5）大小写字母。在 ActionScript 2.0 中，关键字需要区分大小写，否则关键字无法在执行时被 Flash 识别，除关键字之外的其余内容语句可以不用区分大小写。

6）关键字。在 ActionScript 2.0 中，具有特殊含义且供 ActionScript 进行调用的特定单词，被称为"关键字"。在 ActionScript 中较为重要的关键字主要有 Break、Continue、Delete、Else、For、Function、If、In、New、Return、This、Typeof、Var、Void、While、With 等。

7）注释。在 Flash 编辑 ActionScript 语句的过程中，为了便于脚本阅读的理解，可使用 Comment 命令为动作添加注释，其方法是直接在脚本中输入"//"，然后输入注释语句。

2. ActionScript 常用术语

（1）事件

事件是指触发 Flash 程序继续运行的条件，有了各种事件，Flash 程序的交互性才能够得以实现。例如，鼠标单击、加载影片剪辑或用户按下键盘上的某个键时皆可称为事件。

（2）常数

常数是指一个数值不变的常量。例如，Key_TAB 始终代表键盘上的 Tab 键。

（3）变量

与常数相对应的即是变量，指可更新数据的标识符，可以创建、更改和更新变量。

（4）实例名称

实例名称是动作脚本认识影片剪辑和按钮实例的唯一名称。添加实例名称的方法为选中场景中的需添加实例名称的影片剪辑或按钮元件后，打开"属性"面板，在实例名称栏输入名称即可。

（5）布尔值

布尔值是一个判断是与否的值，它只包括两个值，一个是 true，一个是 false。

（6）标识符

标识符是用于表示变量、属性、函数、对象或方法的名称，它的开头字符必须是字母、下划线（__）或美元符号（$）。其后的字符必须是数字、字母、下划线或美元符号。

（7）关键字

关键字是指有特殊含义的保留字。例如，var 是用于声明本地变量的关键字，不能使用关键字作为标识符或实例名称等。

（8）类

类是可以创建用来定义新对象类型的数据类型。若要定义类，可在外部 ActionScript 脚本文件中使用"class"关键字。

（9）对象

对象是属性和方法的集合，每个对象都有其各自的名称，并且都是特定类的实例。内置对象是在 ActionScript 脚本语言中预先定义的，例如，Date 对象可以提供系统时间的信息。

（10）运算符

运算符是一种计算符号。例如，加法运算符（＋）可以将两个或多个值加到一起，产生一个新值。运算符所处理的值称为操作数。

（11）表达式

表达式是代表值的动作脚本元件的组合。它由运算符和操作数组成。例如，在表

达式 $x+5$ 中，x 和 5 都是操作数，＋号是运算符。

（12）目标路径

目标路径是指在.swf 文件中影片剪辑实例或变量、对象等的位置。

（13）属性

属性是指对象的特性。例如，　visible 是定义影片剪辑是否可见的属性，所有影片剪辑均有此属性。

（14）参数

参数也称参量，用于向函数传递值的占位符。

（15）函数

函数是指可以向其传递参数，并能够返回值的可重复使用的代码块。

（16）构造函数

构造函数是用于定义类的属性和方法的函数，它是类定义中与类同名的函数。

（17）事件处理函数

事件处理函数是管理如 MouseDown 或 Load 等事件的函数。它分为两类，分别是事件处理函数方法和事件侦听器（还有两种事件处理函数 on() 和 onClipEvent()，可以将它们直接分配给影片剪辑或按钮）。某些命令既可以用于事件处理函数，也可以用于事件侦听器。

3. 场景/帧控制语句

场景/帧控制语句主要用来控制影片的播放。下面介绍几种比较常见的语句。

（1）Play();

Play 命令用来指定时间上从某帧开始播放，其语句格式如下：

```
Play();
```

圆括号中可以输入指定的帧。

例如：以下语句表示当鼠标经过时，则从开始播放。

```
On(rollover){
        gotoAndPlay();
    }
```

（2）Stop

默认的 Flash 动画将会从第一帧开始播放，并循环播放，如果希望在某个时间让动画停止，将会用到 Stop 命令。

```
Stop();
```

例如，以下语句表示当鼠标单击时，停止。

```
On(press){
Stop( );
 }
```

（3）gotoAnd

gotoAnd 表示跳到某一帧，并且该语句可以和 Play 或 Stop 命令配合使用。例如：

```
gotoAndPlay();//跳转到并从某帧开始播放
gotoAndStop(" ");跳转到某帧并停止," "里表示帧标识
```

任务小结

通过对本任务的学习，学生应能够理解 ActionScript 语句的含义，掌握添加场景、帧控制语句的方法，学会使用 ActionScript 给动画添加交互性。在简单动画中，Flash 按顺序播放动画中的场景和帧；在交互动画中，用户可以使用键盘或鼠标与动画交互。使用 ActionScript 可以控制 Flash 动画中的对象，创建导航元素和交互元素，扩展 Flash 创作交互动画和网络应用的能力。

课后实训

精美相册的制作

【实训要求】

1. 理解实训的目的和要求，独立完成实践操作。

2. 能够总结自己在操作过程中遇到的问题与解决方法，学会举一反三。

3. 掌握从设计构思、动画制作、脚本编写到作品发布整套制作流程。

相册效果如图 9-1-10 所示。

图 9-1-10

【评价标准】

1. 是否能够利用遮罩动画制作滚动七彩虹外框。

2. 是否能够完成图片按钮的制作。

3. 脚本语句添加是否正确。

【实训评价】

教师认真做好学生作品的评价工作，指出学生在操作过程中出现的问题，并做好点评及讲评。

制作下雨动画

◎ 任务描述

　　ActionScript 是一种编程语言，它的语句都是由英文和一些符号组成的。命令的含义也是英文的含义，但是明白了单词含义还远远不够。下面通过本任务来了解和掌握影片剪辑控制语句，掌握下雨效果的制作方法以及动作面板中 AS 语句的添加与使用，进而运用鼠标、脚本制作出逼真的动画效果，如图 9-2-1 所示。

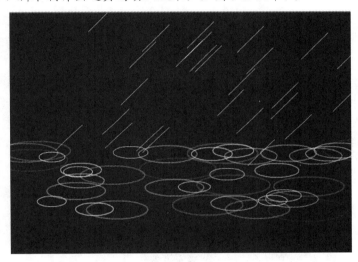

图 9-2-1

◎ 技能要点

- 绘图工具的使用。
- 使用"颜色"面板修改 Alpha 值透明度。
- 快捷键 Ctrl + K 的灵活运用。
- 对帧添加脚本语句。

任务实施

　　01　执行"开始"→"程序"→"Adobe Flash CS3"命令，启动 Adobe Flash CS3，弹出 Adobe Flash CS3 的启动界面。将帧频设置为 50fps，文档的背景颜色设置为黑色。

　　02　执行"插入"→"新建元件"命令，新建一个图形元件，命名为"水滴"，进入水滴元件编辑界面后，单击"线条工具"按钮，颜色设置为灰色，绘制一条长 43 像素，倾斜 45 度角的线条，如图 9-2-2 所示。

03 新建一个图形元件，命名为"shui"，进入"shui"图形元件编辑界面后，单击"椭圆工具"按钮，绘制一个 41 像素*16 像素的灰色椭圆，如图 9-2-3 所示。

图 9-2-2

图 9-2-3

04 新建一个影片剪辑元件，命名为"雨水"，进入"雨水"影片剪辑编辑界面，选择图层 1 的第 1 帧，插入空白关键帧。

05 将库中的"水滴"元件拖动到舞台，选择第 20 帧按 **F6** 键插入一个关键帧，将"水滴"沿舞台往下方移动一段距离。

06 新建图层 2，选择第 20 帧按 **F7** 键插入一个空白关键帧。选中此关键帧，将"shui"元件从库中拖动到舞台和"水滴"元件相连处，如图 9-2-4 所示。

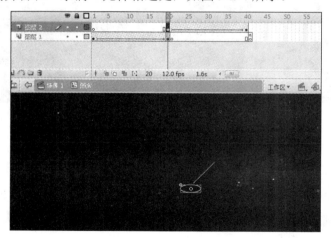

图 9-2-4

07 单击图层 2 的第 40 帧，按 **F6** 键插入关键帧，选中第 40 帧的椭圆图形元件，用"任意变形工具"将其扩大。在"属性"面板将其 Alpha 值设为 0%，如图 9-2-5 所示。

图 9-2-5

08 单击图层 1 的第 41 帧，按 **F9** 键输入代码 "stop();"，同时在图层 1 的第 1～20 帧，图层 2 的第 20～40 帧之间创建动画补间。

09 返回场景，将"雨水"影片剪辑元件拖动到图层 1 的舞台上，并将其命名为 "a"，如图 9-2-6 所示。在第 100 帧按 **F5** 键插入帧。

10 新建图层 2，单击图层 2 的第 1 帧，按 **F9** 帧，打开动作面板输入 "c=1;"。单击第 2 帧，按 **F7** 键插入空白关键帧，选择第 2 帧，打开动作面板。

11 在打开的动作面板中输入以下代码，如图 9-2-7 所示。

图 9-2-6

```
function ee()
{duplicateMovieClip("a",c,c);
setProperty(a,_x,random(550));
setProperty(a,_y,random(100));
updateAfterEvent();
c++;
if(c>300)
{clearInterval(kk);}
}
kk=setInterval(ee,120);
```

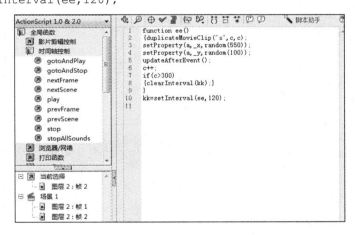

图 9-2-7

12 保存文件，按快捷键 **Ctrl** + **Enter** 浏览动画，效果如图 9-2-1 所示。

13 测试存盘。观察动画效果。如果满意，执行"文件"→"保存"命令，将文件保存为"绘制下雨动画.fla"文件。如果要导出 Flash 的播放文件，执行"文件"→"导出"→"导出影片"命令。

知识链接

函数的定义

1．自定义函数

在 ActionScript 动作语句中可以定义函数，对传递的值执行一系列的语句，函数也可以返回值。一旦定义了函数，则可以从任意一个时间轴中调用，包括加载影片的时间轴。

（1）Function 命令

一个编写完善的函数可以看作是一个"盒子"，如果它的输入、输出和目的都有详细的注释，那么我们可以不用确切的了解该函数的内部工作原理。

在 ActionScrip 语句中可以使用 Function 命令来定义函数，其格式如下：

```
Function 函数的名称(变量 1,变量 2…) {
函数声明
}
```

首先按 **F9** 键打开动作面板，单击"语句"选项，再选择用户定义的函数进行添加。添加步骤如图 9-2-8 所示。

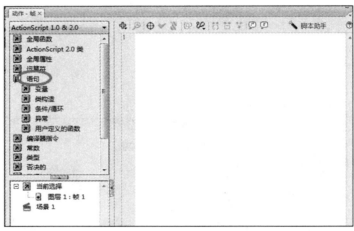

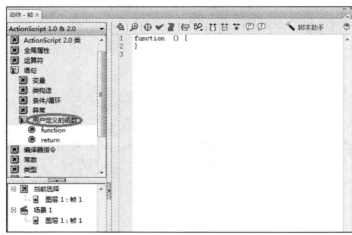

图 9-2-8

（2）On 命令(鼠标或键盘事件)

在 ActionScript 动作语句中可以使用 On 命令，可以根据鼠标或键盘的事件来执行

设置好的语句。On 命令的格式如下:

```
On(鼠标或键盘的动作){
函数声明
}
```

（3）onClipEvent 命令(影片剪辑事件)

在 ActionScript 语句中可以使用 onClipEvent 命令来根据影片剪辑的状态触发事件，其格式如下:

```
onClipEvent(影片剪辑事件){
函数声明
}
```

先按 **F9** 键打开动作面板，选择用户定义的函数进行添加。添加步骤如图 9-2-9 所示。

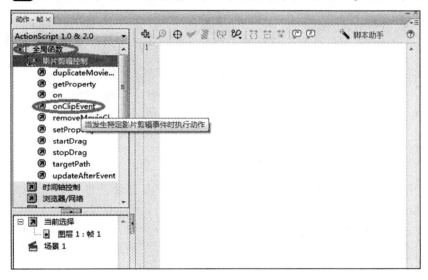

图 9-2-9

该命令只能用在影片剪辑的动作里。"影片剪辑事件"的可取值及含义如下:

Load:　该影片剪辑载入。

Unload:　该影片剪辑被卸载。

Data:　用 loadVariableNum 载入数据后或用 loadMovice 载入影片的每个影片片段后。

EnterFrame:　播放至该影片剪辑所在帧（若停在该帧，则反复执行）。

MouseMove:　鼠标移动。

MouseDown:　鼠标键按下。

MouseUp:　鼠标键松开。

KeyDown:　键盘键按下。

KeyUp:　键盘键松开。

2. 影片剪辑控制语句

影片剪辑控制语句可用来设置和调整影片剪辑的属性，常用语句如下:

（1）duplicateMovieClip( )

duplicateMovieClip( )用于复制场景中指定的影片剪辑，并给新复制的对象设置名称和深度，深度是指新复制对象的叠放次序，深度高的对象会遮挡住深度低的对象，其格式为

```
duplicateMovieClip(target,newname,depth);
```

语句中的 target 表示要复制对象的路径，newname 表示新复制对象的名称，depth 表示新复制对象的深度。

例如：

```
duplicateMovieClip("box","box"+i,i);
```

表示复制场景中实例名称为 box 的影片剪辑，新复制对象的实例名称为 "box" + i，深度为 i。

（2）setProperty

setProperty 的作用是当影片播放时，调整或更改影片剪辑的属性值，其格式为

```
setProperty(target,property,value/expression);
```

语句中的 target 表示要设置的属性，value 是要修改或调整的数值，expression 表示将公式中计算的值作为属性的新值。

例如：

```
setProperty("box",_alpha,"50");
```

表示将场景中实例名称为 box 的影片剪辑的透明属性设置为 50。

（3）loadMovie

loadMovie 语句用于加载外部的.swf 格式影片到当前正在播放的影片中，其格式为

```
anyMovieClip.loadMovie(url,target,method)
```

语句中的 url 表示绝对或相对的 url 地址，target 表示对象的路径，method 表示数据传送的方法，如有变量要一起送出时，可以使用 GET 或 POST，该项可以为空。

例如：

```
On(reless){
clipTarget.loadMovie("box.swf",get);
}
```

表示当释放按钮时，程序会导入外部的 box.swf 影片到当前的场景。

（4）startDrag

```
startDrag(target);
```

startDrag 用来拖拽场景中的指定对象，执行时，被执行的对象会跟着鼠标光标的位置移动，其语法格式如下：

```
startDrag(target);
```

```
startDrag(target,[lock]);
startDrag(target,[lock], [left,top,right,down]);
```

语句中的 target 是指影片中目标剪辑的实例名称的路径，lock 表示以布尔值（true,false）判断对象是否锁定鼠标光标中心点。当布尔值为 true 时，影片剪辑的中心点锁定鼠标光标的中心点。Left,top,right,down 表示对象在场景上可拖拽的上下左右边界，当 lock 为 true 时才能设置边界参数。

例如：

```
startDrag("box");//开始拖拽 box
startDrag(_root.box,true);//开始拖拽场景上 box 对象,拖拽对象的中心点自动锁定鼠
```
标光标中心点

任务小结

duplicateMovieClip 函数专门用来复制影片剪辑。使用这个函数可以将一个影片剪辑符号复制成无数个，并且可以做出很多意想不到的特效。本任务通过使用 duplicateMovieClip 函数语句制作下雨效果，让学生可以更深刻理解复制函数的应用。

课后实训

绘制花儿飞舞

【实训要求】

1. 掌握 duplicateMovieClip 语句的使用方法。

2. 了解动画脚本的编程语法规则。

3. 掌握程序编辑环境——动作面板的使用方法。

"花儿飞舞"效果如图 9-2-10 所示。

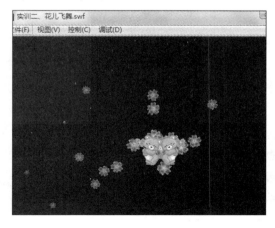

图 9-2-10

【评价标准】

1. 是否能够完成逐帧动画，是否实现了花儿飞舞的随机性。
2. 是否实现对影片剪辑添加 ActionScript 语句。
3. 动作画面最终效果是否流畅。

【实训评价】

教师认真做好学生作品的评价工作，指出学生在操作过程中出现的问题，并做好点评及讲评。

 **福娃属性控制**

◎ 任务描述

本任务主要介绍如何对物体进行属性控制，主要包括透明度、显示比例、旋转角度及坐标值等属性设置。掌握好这些属性控制可以设计出许多眩目的效果。例如，实现对象从大到小，从左到右，从清晰到模糊，给我们视觉上带来意想不到的冲击。下面通过几个新旧知识点的结合，来完成控制对象属性的效果，以提高 Flash 编程能力。本任务实例效果如图 9-3-1 所示。

图 9-3-1

◎ 技能要点

- 文档属性的设置方法。
- 图形元件的创建方法。
- 添加脚本语句的方法。
- 外部的图片的导入和应用。
- 影片的测试、保存和导出。

任务实施

01　新建一个 Flash 文档，尺寸大小和背景颜色保持默认设置，如图 9-3-2 所示。

图 9-3-2

02　执行"文件"→"导入"→"导入到库"命令，将一张"欢欢"位图图片导入到库。执行"插入"→"新建元件"命令，弹出"创建新元件"对话框。新建一个影片剪辑元件，命名为"福娃欢欢"。然后进入影片剪辑编辑界面，选择图层 1 的第 1 帧，将位图"欢欢"拖入场景。按快捷键 *Ctrl* ＋ *K* 打开"对齐"面板，设置为水平中齐和垂直中齐。

03　执行"窗口"→"公用库"→"按钮"命令，从库中拖动六个按钮到场景，并用"文本工具"分别命名为旋转、放大、缩小、上移、下移、左移、Alpha↑、Alpha↓，如图 9-3-3 所示。

图 9-3-3

04　单击"库"面板中"福娃欢欢"影片剪辑元件，将其拖动到主场景，置于场景左侧。同时在"属性"面板中命名为"h_mc"，如图 9-3-4 所示。

图 9-3-4

05 单击"旋转"按钮，按 **F9** 键打开动作面板，输入以下代码，如图 9-3-5 所示。

```
on (release) {h_mc._rotation=h_mc._rotation+45
}
```

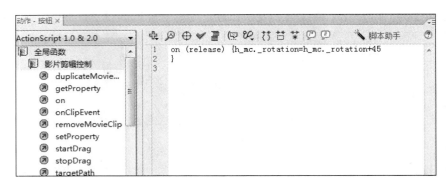

图 9-3-5

06 单击"放大"按钮，按 **F9** 键打开动作面板，输入以下代码，如图 9-3-6 所示。

```
on (release) {h_mc._xscale=h_mc._xscale+20;
h_mc._yscale=h_mc._yscale+20;
}
```

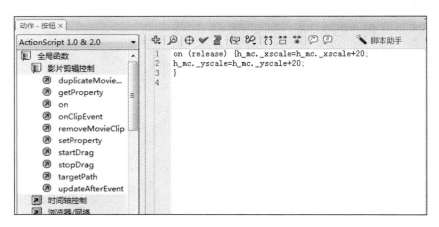

图 9-3-6

07 单击"缩小"按钮，按 **F9** 键打开动作面板，输入以下代码：

```
on (release) {h_mc._xscale=h_mc._xscale-20;
h_mc._yscale=h_mc._yscale-20;
}
```

08 单击"上移"按钮，按 **F9** 键打开动作面板，输入以下代码，如图 9-3-7 所示。

```
on (release) {h_mc._y=h_mc._y-10
}
```

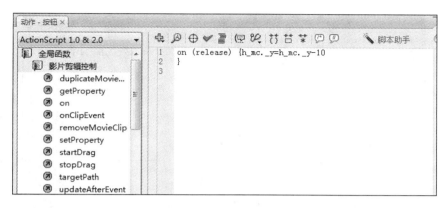

图 9-3-7

09 单击"下移"按钮，按 **F9** 键打开动作面板，输入以下代码：

```
on (release) {h_mc._y=h_mc._y+10
}
```

10 单击"左移"按钮，按 **F9** 键打开动作面板，输入以下代码，如图 9-3-8 所示。

```
on (release) {h_mc._x=h_mc._x-10
}
```

图 9-3-8

11 单击"Alpha↑"按钮，按 **F9** 键打开动作面板，输入图 9-3-9 所示的代码。

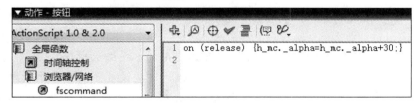

图 9-3-9

12 单击"Alpha↓"按钮，按 **F9** 键打开动作面板，输入图 9-3-10 所示的代码。

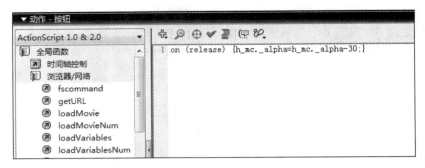

图 9-3-10

13 保存文件，按快捷键 **Ctrl** ＋ **Enter** 浏览动画。效果如图 9-3-1 所示。

知识链接

属 性 设 置

属性设置主要指设置对象的透明度、显示比例、旋转角度及坐标值等属性。在 Flash CS3 中，常用于属性设置的 ActionScript 语句有以下几个：

1. _alpha

_alpha 是指影片剪辑的透明属性。选择影片剪辑后，透明属性可以在"属性"面板中的颜色选项中找到，也可以使用 ActionScript 语句来控制。其格式如下：

```
intanceName._alpha;
intanceName._alpha=value;
```

在上面的语句中，intanceName 表示影片剪辑的实例名称，_alpha 表示透明属性，value 表示透明的数值，其取值范围为 0～100。数值越小，越透明，取值为 0，则完全透明。

该语句有如下两种写法。

第一种写法：

```
setProperty(box,_alpha,50); //设置 box 的透明属性为 50
```

第二种写法：

```
Box._alpha=28;              //设置 box 的透明属性为 50
```

2. _xscale

_xscale 是用来调整影片剪辑从注册点开始应用的水平缩放比例。

缩放本地坐标时将会影响到_X 和_Y 的属性，这些设置是以整体像素定义的。如果父级影片剪辑缩放到 50%，则设置_X 属性将会移动影片剪辑中的对象，其距离为当影片设置为 100% 时像素的一半。

3. _yscale

_yscale 是用来调整影片剪辑从注册点开始应用的垂直绽放比例。其格式如下：

```
intanceName._yscale
```

如要将场景中的 box 影片剪辑的垂直缩放比例设置为 50，语句如下：

```
Box._yscale=50;
```

4. _visble

_visble 是指影片剪辑的可见性，语法格式如下：

```
intanceName._visble;
intanceName._visble=Boolean;
```

语句中的 intanceName 指影片剪辑的实例名称。Boolean 是布尔值，它只有两个值，一个是 true，一个是 false。

设置影片剪辑的可见性可以用以下两种写法：

```
setProperty(box,_visble,true);
```

或

```
Box.visble=true;
```

以上语句表示设置影片剪辑 box 为可见，如将其中的 true 改为 false，则表示将 box 设置为不可见。

5. _rotation

_rotation 用于设置影片剪辑的旋转角度，其语法格式如下：

```
intanceName._rotation
intanceName._rotation=integer;
```

语句中的 intanceName 指影片剪辑的实例名称。integer 指影片剪辑旋转角度的数值，取值范围为 -180~180。数值为正数表示顺时针旋转，数值为负数表示逆时针旋转。

设置影片剪辑的选择角度可以有两种写法：

```
SetProperty(box._rotation,90);//将 box 顺时针旋转 90 度
```

或

```
box._rotation=-90;//将 box 逆时针旋转 90 度
```

6. _height

_height 指影片剪辑的高度（以像素为单位）。例如，hk._height=70;表示将 hk 实例的高度设为 70 像素。

7. _width

_width 指影片剪辑实例的宽度（以像素为单位）。例如，hk._width=30;表示将 hk 实例的宽度设为 30 像素。

8. _x

_x 指影片剪辑在舞台上的 x 坐标（整数，以像素为单位）。例如，zh._x=120;表示将 zh 实例在舞台上的 x 坐标变为 120。

9. _y

_y 指影片剪辑在舞台上的 y 坐标（整数，以像素为单位）。例如，zh._y=90; 表示将 zh 实例在舞台上的 y 坐标变为 90。

任务小结

本任务通过透明度、显示比例、旋转角度及坐标值等属性设置，让学生更好地掌握按钮属性的代码添加，为进一步学习语言、语法规则和代码书写打下坚实的基础，并且可以让学生更加深刻地理解如何将 ActionScript 添加在空白关键帧、按钮或影片剪辑中。

课后实训

键盘控制蝴蝶移动

【实训要求】

1. 熟练掌握用户触发事件。
2. 能在规定的时间内完成效果图的制作。
3. 熟悉 Flash 软件的工作环境及界面。

动画效果如图 9-3-11 所示。

图 9-3-11

【评价标准】

1. 是否正确添加 ActionScript 语句。
2. 是否能够通过键盘实现控制蝴蝶运动的效果。
3. 是否熟练掌握常用的用户触发事件（如键盘或鼠标触发事件）。

【实训评价】

教师认真做好学生作品的评价工作，指出学生在操作过程中出现的问题，并做好点评及讲评。

制作动态时钟

◎ 任务描述

　　本任务要求学生掌握利用 ActionScript 语句获取计算机的系统时间的方法。通过时钟的制作让学生复习了绘图工具，在绘制过程中进一步体验 Flash 矢量绘图的基本方法。通过制作动态时钟，也让学生增加了对动画制作的兴趣；冲破同学们对 Flash 既神秘又难学的认识误区，增强学生对学习动画制作的信心。实例效果如图 9-4-1 所示。

◎ 技能要点

- Date 对象的应用。
- _rotation 属性的应用。
- 绘图工具的灵活运用。

图 9-4-1

任务实施

01 执行"文件"→"新建"命令，创建一个新文档，设置文档大小为 300 像素*300像素，背景颜色为#0099FF，帧频保持默认设置，如图 9-4-2 所示。

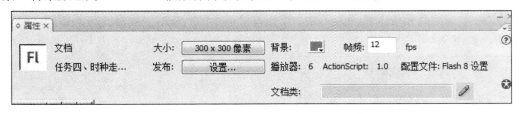

图 9-4-2

02 新建文档的主场景在"时间轴"上只有一个"图层 1"和一个"空白关键帧"。双击"图层 1"的图层名称处，重命名为"钟盘"，如图 9-4-3 所示。

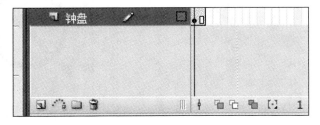

图 9-4-3

03 单击工具箱中的"椭圆工具"按钮，设置线条粗细为 10，线条颜色为黑色

（#000000）。按住 **Shift** 键绘制一个 200 像素*200 像素的正圆，填充颜色设为无，如图 9-4-4 所示。

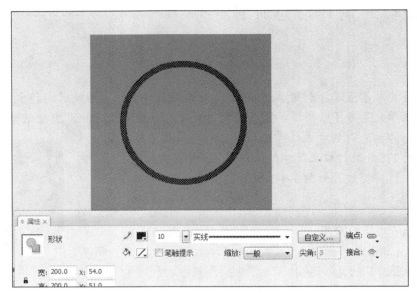

图 9-4-4

04 执行"窗口"→"对齐"命令，打开"对齐"面板，设置为相对于舞台水平对齐和垂直对齐。

05 执行"视图"→"网格"→"显示网格"命令，选中正圆并单击工具箱中的"任意变形工具"按钮。绘制小圆，并将其置于大圆旋转点处，如图 9-4-5 所示。

06 单击工具箱中的"椭圆工具"按钮，绘制正圆，并用一条直线与其相交，删除多余线条，如图 9-4-6 所示。

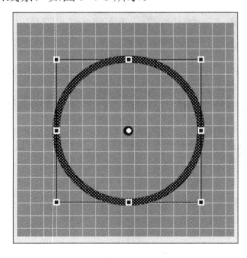

图 9-4-5

图 9-4-6

07 单击"颜料桶工具"按钮，将"半圆"填充黑色，并调整形状，如图 9-4-7 所示。

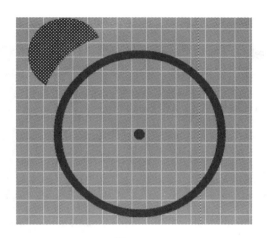

图 9-4-7

08　单击工具箱中的"铅笔工具"按钮，绘制钟面上的刻度及时间数字，如图 9-4-8
所示。

图 9-4-8

09　单击"时间轴"左边"图层名称"底部的"插入图层"按钮，新建"图层 2"。
双击"图层 2"图层名称处，重命名为"时针"，如图 9-4-9 所示。

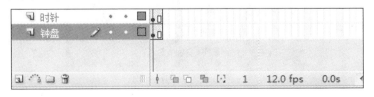

图 9-4-9

10　单击工具箱中的"线条工具"按钮，绘制一条稍短一点的刻度线，设置线条粗细
为 8。右击画好的线条，在弹出的快捷菜单中选择"转换为元件"选项。在弹出的对话框
中选择"影片剪辑"单选按钮，元件命名为"时针"，在"属性"面板中把实例名称改为 shi,
如图 9-4-10 所示。

图 9-4-10

11 新建图层 3，重命名为"分针"。用"线条工具"绘制一条稍长一点的线条，设置线条粗细为 5。把刚绘制好的分针转换为影片剪辑元件，元件命名为"分针"，在"属性"面板中把实例名称改为 fen。

12 新建图层 4，重命名为"秒针"。用"线条工具"绘制一条最长的刻度线，比其他两根线长，设置线条粗细为 1。把刚绘制好的秒针转换为影片剪辑元件，元件命名为"秒针"，在"属性"面板中把实例名称改为 miao。

13 调整各图层中时针、分针、秒针的位置，使三者交于钟面正中心，如图 9-4-11 所示。

图 9-4-11

14 新建图层 5，重命名为"action"。单击"action"图层第 1 帧，按 **F7** 键插入空白关键帧，再按 **F9** 键打开动作面板，输入以下代码，如图 9-4-12 所示。

```
time = new Date();//获取系统新的日期、时间并赋值给变量 time
Tshi = time.getHours();
Tfen = time.getMinutes();
```

```
Tmiao = time.getSeconds();
setProperty("shi", _rotation, (Tshi + (Tfen / 60)) * 30);//1 小时为 60 分
```
钟,当前的分钟数占一小时的几分之几为(分钟数/60),每小时转过 30 度,即(分钟数/60)×30,于是得
(分钟数/2)
```
setProperty("fen", _rotation, Tfen * 6);//每一分钟分针转过一小格,每小格为 6 度
setProperty("miao", _rotation,Tmiao * 6);//每一秒钟秒针转过一小格,每小格为 6 度
```

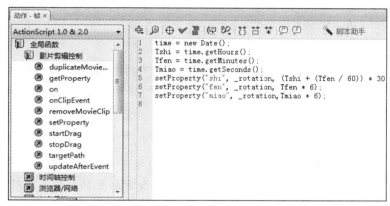

图 9-4-12

15 选择图层"action"的第 2 帧,按 **F7** 键插入一个空白关键帧,按 **F9** 键打开动作面板,输入"gotoAndPlay(1);"。

16 所有的层均添加一帧,使 Flash 重复运行第 1 帧的代码,从而让时钟真正转动起来。

17 保存文件。按快捷键 **Ctrl** + **Enter** 浏览动画,完成的图层及时钟效果如图 9-4-13所示。

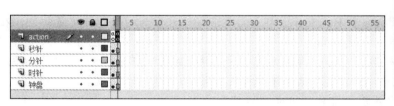

图 9-4-13

知识链接

时 间 语 句

1. 获取时间语句

在 Flash CS3 中使用 ActionScript 语句还可以获取计算机系统中的时间,这样就可以使用 Flash 来实现钟表或日历等效果了。常用的获取时间语句如下:

(1) Date.getHours

Date.getHours 语句的作用是按照本地时间返回指定 Date 对象的小时值(为一个

0～23 之间的整数），本地时间由运行 Flash Player 的操作系统确定。其语法如下：

```
Date.getHours();
```

（2）Date.getMinutes

Date.getMinutes 语句的作用是按照本地时间返回指定 Date 对象的分钟值（为一个 0～59 之间的整数），本地时间由运行 Flash Player 的操作系统确定。其语法如下：

```
Date.getMinutes();
```

（3）Date.getSeconds

Date.getSeconds 语句的作用是按照本地时间返回指定 Date 对象的秒钟值（为一个 0～59 之间的整数），本地时间由运行 Flash Player 的操作系统确定。其语法如下：

```
Date.getSeconds();
```

（4）Date.getMonth

Date.getMonth 语句的作用是按照本地时间返回指定 Date 对象的月份值（0 代表一月，1 代表二月，依此类推），本地时间由运行 Flash Player 的操作系统确定。其语法如下：

```
Date.getMonth();
```

2. 使用运算符为变量赋值

变量是 ActionScript 动作脚本语言中很重要的组成部分，它是组成数据软件或动态变化的场景不可缺少的元素。例如，在一个数据调查表中通常有以下几个选项：

Name= "布帆"

Age=27

Income=3000

Bestdegree=本科

Name、Age、Income 和 Bestdegree 都是变量名，等号后面的值即该变量的值，在 ActionScript 动作脚本中也是如此。

1）变量名必须以字符开头，该字符后可以是数字、字母及下划线，不区分大小写，如变量 Boy 也可以写作 boy，变量名中不能含有空格。

2）每部电影或影片剪辑都有一组唯一的变量。

3）变量的值可以发生改变，但变量的名称要保持不变。

4）变量的名称应具有一定的含义。

（1）变量的表示方法

在 ActionScript 动作脚本中，变量值可以有以下形式：

1）数字：指 0～999999 之间的任意数字。例如，变量 Income 的值可能为 10000，在动作脚本中应表示为 Income=10000。

2）字符串：程序设计语言中字符串通常表示文本值。典型的字符串值可以是一个字母，也可以是一个或多个句子。字符串值可以包含任意多个字母，并可以包括文本、空格、标点符号和数字。含数字的字符串值需用引号与实际的数字进行区分，如 "400" 是一个字符串值，而 400 是数字。

　　3）逻辑值：用来判断某个条件是否成立。逻辑值有两个值，True 或 False。在 ActionScript 脚本中用 0 表示 False，任意非 0 值为 True。

　　4）空值：虽然它不是一个真正的值，但可以表示某个不存在的字符串值。例如，如果记不起某个人的姓名，可以用如下的语句来表示临时空缺的变量，此时该变量仍然属于字符型变量。

```
Name=" "
```

　　（2）分配值

在给变量分配值时，有两种形式，文字形式或表达式形式，以下是文字分配形式：

```
Income=2000
```

或

```
Name="布帆"
```

　　使用表达式创建一个变量并为该变量分配值时，操作步骤如下：

　　1）在场景中的舞台上，选择影片剪辑或按钮实例。

　　2）打开动作面板，选择 set variable 命令。

　　3）在 set 后面的括号中输入变量名和数值。

　　如果该变量的值是一个文本字符串，则需要用引号括起来；如果希望这个值被当作数字、逻辑值或表达式，则直接输入即可。

　　（3）使用变量

　　在 ActionScript 动作脚本中，可以使用变量值动态地设置其他动作中的不同参数值，如将跳转到帧数、影片剪辑实例的属性值或者事故文本字段中的文本。

　　1）变量。要创建或更新变量名，变量名须以字符开头，后面可以是数字、字母或下划线，我们可以根据表达式的值动态地选择要创建或更新的变量。

　　2）值。要创建或更新的变量值。

　　下面的脚本是一个鼠标事件，它将 New 的值设置为 50，并将该变量的值设置为影片剪辑实例 MovieClip 的透明度。

```
on(release){
new="50";
Set Property("MovieClip",_Alpha,new);
}
```

　　该功能可用于动态地产生文本字段中的文本或动态地设置动作参数的值，以及跟踪事件已触发的次数。例如，网站上的计数器就是使用该功能制作的。

任务小结

　　通过对本任务的学习，学生应掌握获取时间语句，可以实现钟表或日历等的效果。通过大家的共同学习，进一步体验动作脚本的概念，并对其有深入了解。

课后实训

制作电子日历

【实训要求】

1. 电子日历能够正确显示当前的日期。

2. 能够正确区分三种文本。

3. 能够灵活掌握 Date( )语句。

"电子日历"效果如图 9-4-14 所示。

电子日历

日期 2014 年10 月26 日

时间 22 时21 分42 秒

今天是星期日

图 9-4-14

【评价标准】

1. 是否掌握 Date 对象的应用。

2. 是否了解 Switch( )的使用。

3. 是否能区分静态文本、动态文本和输入文本。

【实训评价】

教师认真做好学生作品的评价工作，指出学生在操作过程中出现的问题，并做好点评及讲评。

10 项目

综合实训

◎ **项目导读**

　　通过对前面项目的学习，我们已经基本掌握了动画的制作原理、动画的基础绘制方法、动画的基本要素、动画的五大基础类型——动画补间、形状补间、逐帧动画、引导层动画和遮罩动画，以及动作脚本的添加产生的特殊效果。但是，一个完整的动画必然不是独立的，而是各种动画与元素的交集所形成的。本项目通过制作一系列综合实例，来实现各种动画之间的相互关联，从而产生一些唯美而生动的动画。策划动画的情节是动画作品最为关键的一环，一个好的创意就是成功的一半。在 Flash 的工作环境下，运用综合知识点的相互贯通，使用各类动画的特点，充分发挥大家的创意和想象，创作出更深层次、更完美的动画画面，培养学生自主学习和创作的能力。

◎ **学习目标**

- 熟练绘制出各式动画。
- 能够灵活运用各种动画。
- 能够综合运用元件、实例、库、文本及一些文字滤镜效果。
- 熟练运用文字特效。
- 熟练运用动作脚本制作特殊效果。
- 掌握外部图片的导入和应用。
- 掌握如何编辑与删除场景。

◎ **学习任务**

- 创建"静夜思"动画。
- 创建"中秋快乐"动画。
- 制作爱心贺卡。
- 制作手机广告动画。

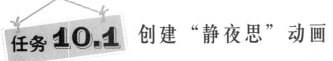

任务 **10.1** 创建"静夜思"动画

◎ **任务描述**

　　在该综合性动画制作中，概括了很多的技能要点，如元件的制作、补间动画的创建、引导层动画的创建、字体的创建等。通过该任务，我们来巩固前面所学知识及技能点。本实例为趣味动画"静夜思"，效果如图 10-1-1 所示。

图 10-1-1

◎ **技能要点**

● 补间动画的创建。

● 元件的制作。

● 动画效果的设计。

● 字体的创建。

任务实施

　　01 新建一个 Flash 文档，大小可以自行定义。图层 1 命名为"天空"，在场景中绘制"天空"场景，效果如图 10-1-2 所示。

图 10-1-2

02 选中所绘制的天空，按 **F8** 键，将天空转换为图形元件，元件命名为"天空"。

03 新建元件，命名为"月亮船"，使用"线条工具"和"椭圆工具"绘制船和人，效果如图 10-1-3 所示。

图 10-1-3

04 新建图层，命名为"月亮船"，把月亮船放置到场景中来，效果如图 10-1-4 所示。

图 10-1-4

05 新建图形元件，命名为"星星"，使用"多角星形工具"和"椭圆工具"绘制星星，效果如图 10-1-5 所示。

06 新建影片剪辑元件，命名为"星星闪动"，把"星星"元件拖到"星星闪动"元件里，在第 10 帧插入关键帧，创建动作补间动画，在第 15 帧插入普通帧。效果如图 10-1-6 所示。

图 10-1-5

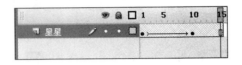

图 10-1-6

07 选中第 1 帧，选中"星星"元件，在"属性"面板将 Alpha 值修改为 0%，并将元件的大小缩小。

08 新建影片剪辑元件，命名为"星星转动"，把"星星"元件拖到"星星转动"元件里，在第 5 帧和第 10 帧插入关键帧，创建动作补间动画。效果如图 10-1-7 所示。

图 10-1-7

09 分别选中第 1 帧和第 10 帧，选中"星星"元件，在"属性"面板将 Alpha 值修改为 0%。效果如图 10-1-8 所示。

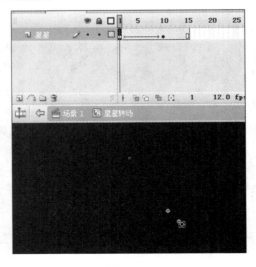

图 10-1-8

10 回到场景中,新建图层,命名为"星星",将"星星闪动"和"星星转动"元件拖到场景中,效果如图 10-1-9 所示。

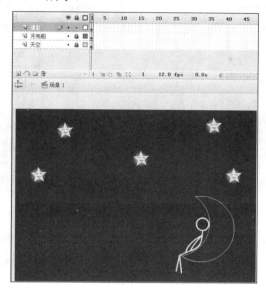

图 10-1-9

11 新建图形元件,命名为"葫芦瓶",在"葫芦瓶"元件中,使用"椭圆工具"和"矩形工具"绘制一葫芦瓶,效果如图 10-1-10 所示。

12 回到场景中,新建一图层,命名为"葫芦瓶",将"葫芦瓶"元件拖到场景右上方的位置,效果如图 10-1-11 所示。

图 10-1-10

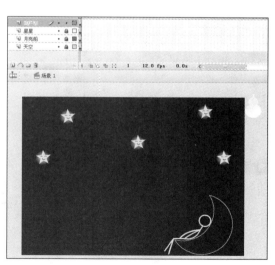

图 10-1-11

13 选中所有图层,在第 200 帧处按 **F5** 键,插入普通帧。

14 选中"月亮船"图层,选择第 1 帧,选中"月亮船"元件,使用"任意变形工具"将月亮船的位置进行调整,效果如图 10-1-12 所示。

图 10-1-12

15 选中"月亮船",按 **F8** 键将"月亮船"转变为影片剪辑元件,元件命名为"月亮船-摇啊摇",在第 5 帧和第 10 帧插入关键帧,创建补间动画。效果如图 10-1-13 所示。

16 选中第 5 帧,选择"月亮船"元件,将"月亮船"的位置进行调整,效果如图 10-1-14 所示。

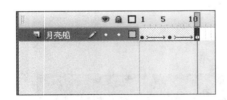

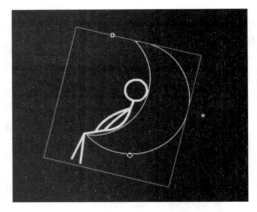

图 10-1-13

图 10-1-14

17 回到场景中,选中"葫芦瓶"图层,在第 60 帧和第 90 帧分别插入关键帧,创建补间动画。效果如图 10-1-15 所示。

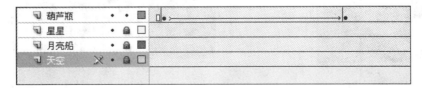

图 10-1-15

18 选中第 90 帧,选中"葫芦瓶"元件,将其拖到场景中合适位置,效果如图 10-1-16 所示。

图 10-1-16

19 在"葫芦瓶"图层上，新建引导图层，在引导图层绘制路径，效果如图 10-1-17
所示。

图 10-1-17

20 选中"葫芦瓶"图层，在第 60～90 帧的中间位置，设置动画旋转模式为"顺时
针旋转"，并选中"调整到路径"复选框，如图 10-1-18 所示。

图 10-1-18

21 新建图层，命名为"静"，在第 115 帧插入关键帧，在场景中使用画笔工具绘制一圆点，效果如图 10-1-19 所示。

图 10-1-19

22 在第 125 帧插入空白关键帧，使用"文本工具"在场景中输入"静"字，并连续按快捷键 *Ctrl* + *B* 两次，将"静"字打散，在第 115 帧和第 125 帧中间创建形状补间动画，效果如图 10-1-20 所示。

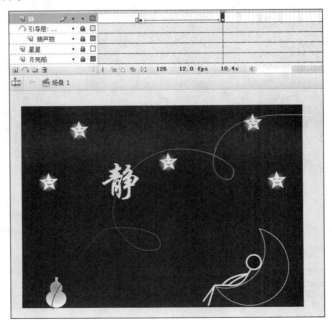

图 10-1-20

23 按照步骤 21、22，分别创建"夜"和"思"两个图层的文字动画，最终效果如图 10-1-21 所示。

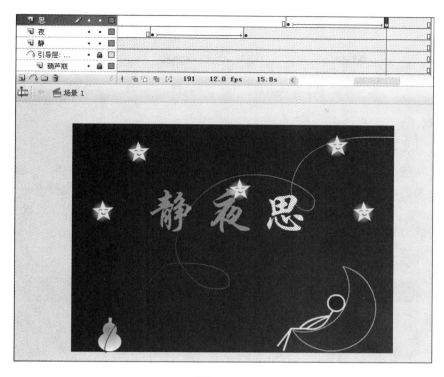

图 10-1-21

24 按快捷键 *Ctrl* ＋ *Enter* 进行测试，测试完成后进行保存，将文件命名为"静夜思"。最终效果如图 10-1-22 所示。

图 10-1-22

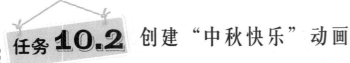 创建 "中秋快乐" 动画

◎ **任务描述**

　　中秋节是中国的传统节日，国家传统文化和民俗不容忽视。本任务是用所学的知识创作中秋节快乐动画。通过该综合案例的学习，大家应了解动画的制作过程，能够独立完成动画构思，制作出有趣的游戏和精彩的动画，并为以后三维动画的学习打下良好的基础。通过该任务的训练，还应提高动手解决实际问题的能力，以及自主学习和探究的能力。实例效果如图 10-2-1 所示。

图 10-2-1

◎ **技能要点**

- 遮罩技术的应用。
- 引导层动画的应用。
- 动作补间动画的灵活运用。
- 形状补间动画的使用。
- 按钮元件的添加。

 任务实施

　　01 执行 "插入" → "新建元件" 命令，弹出 "创建新元件" 对话框，输入名称为 "si"，"类型" 设置为 "图形"。

　　02 单击工具箱中的 "文本工具" 按钮，输入古诗 "十五夜望月"，字体为方正行楷，字号为 25，字体颜色为#6B3601，如图 10-2-2 所示。

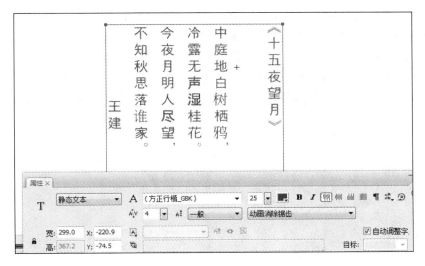

图 10-2-2

03 执行"插入"→"新建元件"命令，弹出"创建新元件"对话框，输入元件"名称"为"mGrow"，"类型"选择"图形"单选按钮，然后单击"确定"按钮。

04 绘制图形，设置线条的颜色。单击工具箱中的"线条工具"按钮，设置"笔触颜色"为"#AF8647"，单击"填充颜色"按钮，并在"颜色"面板上选择类型为"放射状"，如图 10-2-3 所示。

05 单击"mGrow"图形元件的上半部分区域，然后在"颜色"面板上选择类型为"线性"，如图 10-2-4 所示。

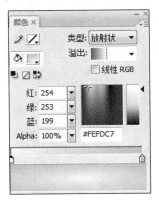

图 10-2-3

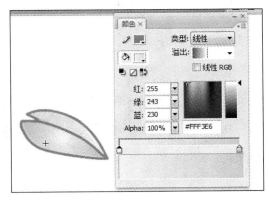

图 10-2-4

06 执行"插入"→"新建元件"命令，弹出"创建新元件"对话框，输入元件"名称"为"渐变线"，"类型"选择"图形"单选按钮，然后单击"确定"按钮。

07 单击工具箱中的"线条工具"按钮，绘制宽为 551.3 的长线条，如图 10-2-5 所示。

图 10-2-5

08) 执行"插入"→"新建元件"命令，弹出"创建新元件"对话框，输入元件"名称"为"元件 1"，"类型"选择"影片剪辑"单选按钮，然后单击"确定"按钮。

09) 单击工具箱中的"文本工具"按钮，在"属性"面板中选择字体为"楷体"，大小设置为 230，字体颜色为"#E3E2D9"，输入"中"字。新建图层 2，将"中"字复制粘贴到图层 2 并调整其位置，将图层 2 中的"中"字颜色改为"#857369"，如图 10-2-6 所示。

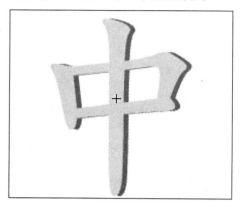

图 10-2-6

10) 用上述同样的方法创建新元件 2、元件 3、元件 4，分别输入"秋"、"快"、"乐"，并分别存在"库"面板中。

11) 单击"库"面板，分别将"元件 1"、"元件 2"、"元件 3"、"元件 4"拖入创建好的"元件 5"中。"元件 1"宽为 197.2，高为 254.7；"元件 2"宽为 213.7，高为 173.6；"元件 3"宽为 102.6，高为 91.8；"元件 4"宽为 92.2，高为 109.2，如图 10-2-7 所示。

图 10-2-7

12) 执行"文件"→"导入"→"导入到库"命令，将中秋背景图片导入到"库"面板中。

13) 执行"插入"→"新建元件"命令，弹出"创建新元件"对话框，输入元件"名称"为"元件 6"，"类型"选择"影片剪辑"单选按钮，然后单击"确定"按钮。将库中的中秋背景图片拖入到舞台，执行"修改"→"分离"命令。

14 单击工具箱中的"线条工具"按钮，按住 *Shift* 键在中秋背景图片下方画一直线，并删除多余线条。效果如图 10-2-8 所示。

图 10-2-8

15 执行"插入"→"新建元件"命令，弹出"创建新元件"对话框，输入元件"名称"为"元件 7"，"类型"选择"影片剪辑"单选按钮，然后单击"确定"按钮。

16 单击图层 1 的第 1 帧，将"库"面板中的"mGlow"图形元件拖到舞台中。再单击"时间轴"左边"添加运动引导层"按钮，添加引导层。在引导层中用工具箱中的"铅笔工具"绘制一小段曲线，并将帧延长到 46 帧。效果如图 10-2-9 所示。

17 单击图层 1 的第 1 帧，将"mGlow"图形元件移动到线条的下端位置，如图 10-2-10 所示。

18 右击图层 1 的第 9 帧，在弹出的快捷菜单中选择"插入关键帧"选项，移动"mGlow"图形元件，将其沿引导层移动位置，如图 10-2-11 所示。

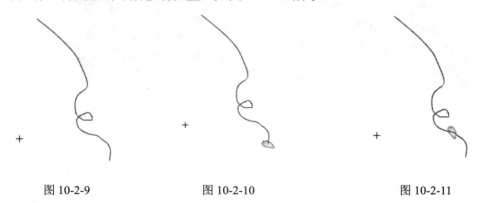

图 10-2-9   图 10-2-10   图 10-2-11

19 单击图层 1 的第 15 帧、23 帧、35 帧、46 帧，分别创建关键帧并移动"mGlow"图形元件的位置。在第 1 帧到第 9 帧间右击，在弹出的快捷菜单中选择"创建补间动画"选项，创建补间动画。

20 同步骤 19，在第 9 帧到第 15 帧间创建补间动画，在第 15 帧到第 23 帧间创建补间动画，在第 23 帧到第 35 帧间创建补间动画，在第 35 帧到第 46 帧间创建补间动画，如图 10-2-12 所示。

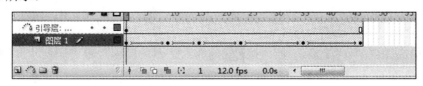

图 10-2-12

21 单击"场景 1"，切换到"场景 1"的舞台，在"属性"面板中修改文档大小为 650 像素*330 像素，帧频保持默认 12fps。

22 单击图层 1 的第 1 帧，将"库"面板中的中秋背景图片拖到舞台中。执行"窗口"→"对齐"命令，打开"对齐"面板，设置相对于舞台水平中齐和垂直中齐。

23 右击图层 1 的第 115 帧，在弹出的快捷菜单中选择"插入帧"选项。

24 单击"时间轴"左边"图层名称"底部的"插入图层"按钮，新建"图层 2"。单击图层 2 的第 1 帧，按 **F7** 键插入空白关键帧。单击图层 2 的第 2 帧，按 **F7** 键插入空白关键帧。

25 单击工具箱中的"矩形工具"按钮，设置"笔触颜色"为无，执行"窗口"→"颜色"命令，打开"颜色"面板，选择类型为"线性"，并添加四个色块。第 1 个色块颜色为"#FFFFFF"，透明度为 0%；第 2 个色块颜色为"#6B3601"，透明度为 100%；第 3 个色块颜色为"#6B3601"，透明度为 100%；第四个色块颜色为"#FFFFFF"，透明度为 0%。

26 单击"矩形工具"按钮，在舞台上拖动鼠标绘制一个宽为 835.5，高为 261.9，坐标位置为"x: 416.0，y:31.8"的矩形方块，如图 10-2-13 所示。

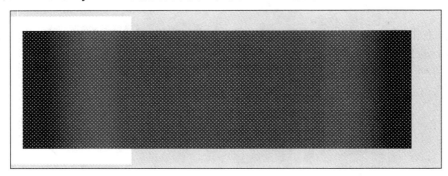

图 10-2-13

27 右击图层 2 的第 84 帧，在弹出的快捷菜单中选择"插入关键帧"选项。移动矩形方块到舞台的左侧，在第 2 帧到第 85 帧之间右击，在弹出的快捷菜单中选择"创建形状补间"选项，如图 10-2-14 所示。

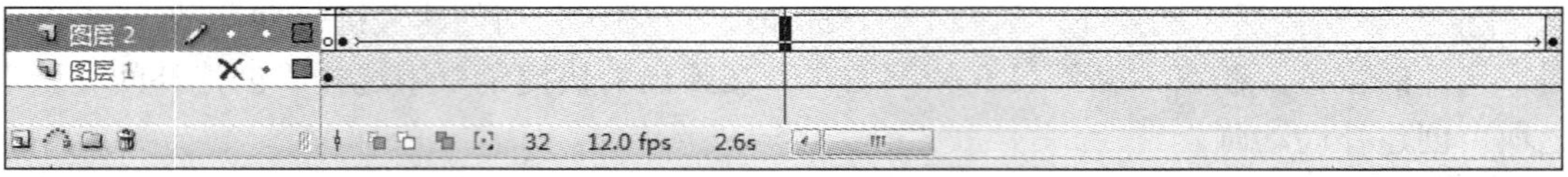

图 10-2-14

28 右击图层 2 的第 116 帧，在弹出的快捷菜单中选择"插入帧"选项。

29 单击"时间轴"左边"图层名称"底部的"插入图层"按钮，新建"图层 3"，双击图层 3 名称处，重命名为"si"。

30 单击图层"si"的第 1 帧，按 **F7** 键插入空白关键帧。单击图层"si"的第 2 帧，按 **F7** 键插入空白关键帧。

31 单击图层"si"，执行"窗口"→"库"命令，打开"库"面板，将"si"图形元件拖到舞台中。右击图层"si"的第 116 帧，在弹出的快捷菜单中选择"插入帧"选项，效果如图 10-2-15 所示。

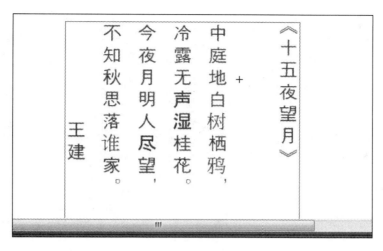

图 10-2-15

32 单击"时间轴"左边"图层名称"底部的"插入图层"按钮，新建图层。双击图层名称处，重命名为"图层 3"。

33 单击图层 3 的第 38 帧，按 **F7** 键插入空白关键帧。将"库"面板中的元件 7 依次拖 4 个到舞台上，分别修改 Alpha 值为 49%、62%，并调整其大小，如图 10-2-16 所示。

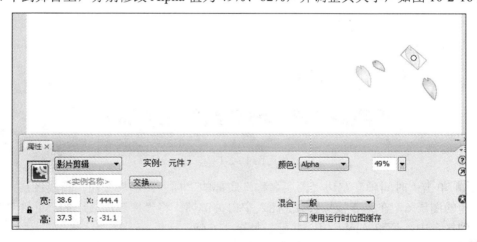

图 10-2-16

34 右击图层 3 的第 116 帧，在弹出的快捷菜单中选择"插入帧"选项。

35 单击"时间轴"左边"图层名称"底部的"插入图层"按钮，新建图层。双击图层名称处，重命名为"图层 4"。

36 单击图层 4 的第 76 帧，执行"窗口"→"库"命名，打开"库"面板。将"库"中的"元件 5"拖入舞台中。在"属性"面板中修改 Alpha 值为 43%，如图 10-2-17 所示。

37 右击图层 4 的第 95 帧，在弹出的快捷菜单中选择"插入关键帧"选项。在"属性"面板修改 Alpha 值为 100%，在 76 帧和 95 帧间创建补间动画，并延长帧至 116 帧。

图 10-2-17

38 单击"时间轴"左边"图层名称"底部的"插入图层"按钮，新建图层 5。单击选中新建的图层 5，在第 2 帧按 **F7** 键插入空白关键帧。将"库"面板中的"元件 6"依次拖 2 个到舞台中，并延长帧至 116 帧，效果如图 10-2-18 所示。

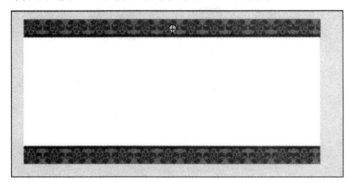

图 10-2-18

39 单击"时间轴"左边"图层名称"底部的"插入图层"按钮，新建图层 6。单击选中新建的图层 6，在第 2 帧按 **F7** 键插入空白关键帧。将"库"面板中的"元件 7"依次拖 4 个到舞台中，调整 Alpha 值，并延长帧至 116 帧。

40 单击"时间轴"左边"图层名称"底部的"插入图层"按钮，新建图层 7，单击选中新建的图层 7。

41 单击第 58 帧，按 **F7** 键插入空白关键帧。将"库"面板中的"元件 7"依次拖 2 个到舞台中，调整 Alpha 值，并延长帧至 116 帧。

42 单击"时间轴"左边"图层名称"底部的"插入图层"按钮，新建图层 8，单击选中新建的图层 8。

43 执行"窗口"→"公用库"→"按钮"命令，从库中选择一个按钮，如图 10-2-19 所示。

44 执行"窗口"→"库"命令，打开"库"面板，双击库中的按钮元件。将按钮元件的"text"图层文字修改为"播放"，如图 10-2-20 所示。

图 10-2-19 图 10-2-20

45 回到"场景 1",将按钮元件拖入图层 8 的第 1 帧。右击图层"si",在弹出的快捷菜单中选择"遮罩层"选项,效果如图 10-2-21 所示。

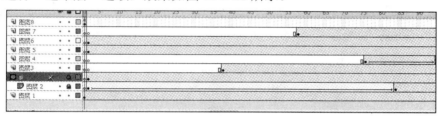

图 10-2-21

46 执行"控制"→"播放"命令,或按 Enter 键测试影片,最终效果如图 10-2-22 所示。

图 10-2-22

任务 10.3　制作爱心贺卡

◎ 任务描述

运行"爱心贺卡"动画时,在一幅漂亮图画背景下,逐渐显示出"Do You Love Me?"字样,在画面的下面显示"yes"和"no"两个按钮,如图 10-3-1 所示。当单击"yes"按钮时,出现一个不断跳动的心,如图 10-3-2 所示。而当鼠标指针靠近"no"按钮时,"no"按钮会跳到另一个位置,不让选中。如果连续跟踪"no"按钮,并偶尔单击上了"no"按钮,会出现一个逐渐破碎的心,效果如图 10-3-3 所示。

图 10-3-1

图 10-3-2

图 10-3-3

◎ 技能要点

- 贺卡的构思。
- 文本属性的设置方法。
- 影片剪辑元件的制作与编辑。
- 颜色的搭配与组合。
- 动作脚本的使用。
- 外部的图片的导入和应用。
- 影片的测试、保存和导出。

任务实施

1. 新建文档

新建一个 Flash 文档，设置大小为 550 像素*400 像素，背景颜色为"#CCFF33"，其他选择默认值。

2. 制作"yes"按钮元件

01 执行"插入"→"新建元件"命令，弹出"创建新元件"对话框，输入名称为"yes"，选择元件类型为"按钮"，单击"确定"按钮进入按钮编辑模式。

02 单击"弹起"帧，再单击工具箱中的"椭圆工具"按钮，将笔触颜色设置为"无"，填充颜色代码设置为"#A2EA9C"，在编辑区绘制一个小椭圆。

03 单击工具箱中的"文本工具"按钮，在其"属性"面板上设置字体为"Verdana"，颜色代码为"#996600"，文本类型为"静态文本"。单击编辑区并输入英文"yes"，将"yes"移到椭圆的上面，如图 10-3-4 所示。

04 右击"指针经过"帧，在弹出的快捷菜单中选择"插入关键帧"选项。使用"选择工具"选中椭圆上的"yes"文本，在"属性"面板上将字体的颜色代码改为"#FF0066"。

05 右击"按下"帧，在弹出的快捷菜单中选择"插入关键帧"选项。将字体的颜色代码改为"#FF0066"。

图 10-3-4

06 右击"点击"帧，在弹出的快捷菜单中选择"插入关键帧"选项。至此，"yes"按钮元件制作完毕，返回"场景 1"。

3. 制作"no"按钮元件

01 新建元件，输入名称为"no"，选择元件类型为"按钮"，单击"确定"按钮进入按钮编辑状态。

02 单击"弹起"帧，再单击工具箱中的"椭圆工具"按钮，将笔触颜色设置为"无"，填充颜色代码设置为"#A2EA9C"，在编辑区绘制一个椭圆。

03 单击工具箱中的"文本工具"按钮，在其"属性"面板上设置字体为"Verdana"，颜色代码为"#996600"，文本类型为"静态文本"。单击编辑区并输入文本"no"，将"no"调整到椭圆的上面。

04 分别在"指针经过"帧、"按下"帧和"点击"帧插入关键帧。

05 单击"指针经过"帧，用"选择工具"选择椭圆上文本"no"，将其"属性"面板上的字体的颜色代码改为"#FF6600"，返回"场景 1"。

4. 制作"返回"按钮

01 新建元件，输入名称为"返回"，选择元件类型为"按钮"，单击"确定"按钮，进入按钮编辑状态。

02 单击"弹起"帧，选择工具箱中的"文本工具"，将其"属性"面板上的字体设置为"楷体_GB2312"，颜色代码设置为"#006600"，字号为"23"，文本类型为"静态文本"，在编辑区输入文字"返回"。至此，"返回"按钮制作完毕，返回"场景1"。

5. 制作"元件1"

"元件1"和下面的"元件2"用于制作"舞动的蝴蝶"。

01 新建元件，输入名称为"元件1"，选择元件类型为"图形"，单击"确定"按钮，进入图形编辑状态。

02 单击工具箱中的"椭圆工具"按钮，将笔触颜色代码设置为"#FFCC00"，笔触高度设置为"1"，填充颜色代码为"#009933"，在编辑区绘制一个如图10-3-5所示的小椭圆，返回"场景1"。

6. 制作"元件2"

01 新建元件，输入名称为"元件2"，选择元件类型为"图形"，单击"确定"按钮，进入图形编辑状态。

02 单击工具箱中的"椭圆工具"按钮，将笔触颜色代码设置为"#FFCC00"，笔触高度设置为"1"，填充颜色代码为"#FF6600"，在编辑区绘制如图10-3-6所示的椭圆，返回"场景1"。

7. 制作影片剪辑元件"舞动的蝴蝶"

01 新建元件，输入名称为"舞动的蝴蝶"，选择元件类型为"影片剪辑"，单击"确定"按钮，进入影片编辑模式。

02 单击"图层1"的第一帧，将"元件2"从"库"面板中拖到编辑区，使用工具箱中的"任意变形工具"，将"元件2"向左进行旋转，如图10-3-7所示。然后分别在第5帧和第10帧插入关键帧。

03 单击第5帧，选择"元件2"，单击工具箱中的"任意变形工具"，将其进行缩小和旋转，如图10-3-8所示。

图 10-3-5   图 10-3-6   图 10-3-7   图 10-3-8

04 在第1帧至第5帧之间创建补间动画，在第5帧至第10帧之间创建补间动画，播放动画，即可看到一个蝴蝶翅膀飞的动画效果。

05 单击"图层"面板的"插入图层"按钮，新建"图层2"。单击第1帧，从"库"面板中拖入"元件1"到编辑区，位置如图10-3-9所示，分别在该图层的第5帧、第10帧处插入关键帧。

06 单击第5帧，选择工具箱中的"任意变形工具"，调整"元件1"的大小和位置，如图10-3-10所示。然后分别在第1帧至第5帧之间，第5帧至第10帧之间创建补间动画。

播放动画，即可看到蝴蝶身体运动的动画效果。

07 新建"图层 3"，单击第 1 帧，从"库"面板中拖入"元件 2"到编辑区，使用工具箱中的"任意变形工具"将其向右进行旋转，位置如图 10-3-11 所示。然后分别在该图层的第 5 帧、第 10 帧处插入关键帧。

08 单击第 5 帧，选择工具箱中的"任意变形工具"，调整"元件 2"的大小和位置，如图 10-3-12 所示。然后分别在第 1 帧至第 5 帧之间，第 5 帧至第 10 帧之间创建补间动画。播放动画，即可看到蝴蝶飞的动作效果。

图 10-3-9　　　　　　图 10-3-10　　　　　　图 10-3-11　　　　　　图 10-3-12

至此"舞动的蝴蝶"的影片剪辑元件完成，返回"场景 1"。

8.　制作影片剪辑元件"跳动的心"

01 新建元件，输入名称为"跳动的心"，选择元件类型为"影片剪辑"，单击"确定"按钮进入影片编辑模式。

02 利用工具箱中的"线条工具"、"选择工具"和"填充工具"绘制如图 10-3-13 所示的心形。

03 在"图层 1"的第 5 帧、第 10 帧处分别插入关键帧。选中第 5 帧，选择工具箱中的"任意变形工具"，单击编辑区中的心形，按住 *Shift* 键用鼠标拖动心形一个角的控点，将心形进行等比例缩小，如图 10-3-14 所示。至此，"跳动的心"影片剪辑元件制作完毕，返回"场景 1"。

 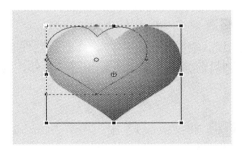

图 10-3-13　　　　　　　　　　　　图 10-3-14

9.　制作影片剪辑元件"破碎的心"

01 双击"库"面板中的"跳动的心"影片剪辑元件，再单击第 1 帧，选择心形并右击，在弹出的快捷菜单中选择"复制"选项。

02 新建元件，输入名称为"破碎的心"，选择元件类型为"影片剪辑"，单击"确定"按钮进入影片编辑状态。

03 单击"图层 1"的第 1 帧，右击编辑区，在弹出的快捷菜单中选择"粘贴"选项，粘贴"跳动的心"影片剪辑元件中的心形。在第 4 帧处插入关键帧，单击工具箱中的"套索工具"按钮，再单击套索工具选项中的"多边形模式"按钮，在心形上画出半个心破碎的边缘，再使用"任意变形工具"将左半个心形向左微移并向左旋转，将右半个心形向右微移并向右旋转，形成如图 10-3-15 所示的图形。

04 在第 8 帧处插入关键帧，使用"任意变形工具"，分别将两个半心形向外旋转一定角度，效果如图 10-3-16 所示，在第 10 帧处插入关键帧。

图 10-3-15   图 10-3-16

05 在第 20 帧处插入空白关键帧，单击工具箱中的"文本工具"按钮，在"属性"面板中将字体设为"楷体"，字体颜色设置为"红色"，输入"OH，NO，NO，NO !!!"文本，如图 10-3-17 所示。

OH，NO，NO，NO！！！

图 10-3-17

06 右击第 10 帧，在弹出的快捷菜单中选择"创建补间形状"选项，建立由破碎的心形向字体的变化的形状渐变效果。

07 在第 30 帧处插入普通帧，使"OH，NO，NO，NO !!!"字样一直延续到第 30 帧。至此，"破碎的心"的影片剪辑元件制作完成。

到目前为止，本例所需的图形元件、按钮元件、影片剪辑元件完成。返回到"场景 1"。

10. 制作爱心贺卡

01 在"场景 1"中，单击"图层 1"的第 1 帧，执行"文件"→"导入"→"导入到舞台"命令，在弹出的"导入"对话框中选择一个图形文件，单击"打开"按钮，将其导入到舞台，并调整大小和位置，使其正好覆盖整个舞台。在第 40 帧处插入普通帧，使背景图片延续到第 40 帧。

02 新建"图层 2"，单击第 1 帧，再单击工具箱中的"文本工具"按钮，在"属性"面板中将字体设置为"Verdana"，字体颜色代码设置为"#006633"，字号设置为 36，在舞台上输入文本"DO"。

03 依次在第 5 帧、10 帧、15 帧、20 帧处插入关键帧，分别在相应帧输入文本"Do You"，"Do You Love"，"Do You Love Me"，"Do You Love Me？"，如图 10-3-18 所示。在

第 40 帧处插入普通帧，使文字一直持续到第 40 帧。

    04 新建"图层 3"，由于"图层 2"有 40 帧，则新建的"图层 3"自动添加普通帧到第 40 帧。在第 20 帧处插入空白关键帧，从"库"面板中分别将"yes"按钮、"no"按钮拖到舞台的下半部分的左、右两边。选中"yes"按钮元件，按 **F9** 键，在弹出的"动作-按钮"面板中添加如下动作脚本语句：

```
on (release) {
    nextframe();
}
```

Do

(a) 第 1 帧处的文字

Do You

(b) 第 5 帧处的文字

Do You love

(c) 第 10 帧处的文字

Do You love Me

(d) 第 15 帧处的文字

Do You love Me ?

(e) 第 20 帧处的文字

图 10-3-18

    此段动作脚本的功能：当在"yes"按钮上释放鼠标时，动画将跳到并停止在下一帧。由于该图层自动延续到第 40 帧，当在第 40 帧处单击此按钮时，动画将跳到并停止在第 41 帧。

    05 单击"no"按钮，在"动作-按钮"面板中添加如下动作脚本语句：

```
on (rollover)
{
    no._x=random(200);
    no._y=random(200);
}
on (release) { gotoAndStop(60);
}
```

此段动作脚本包含两个鼠标动作的检测——鼠标经过按钮 on（rollover）与鼠标在按钮上释放 on（release）：当鼠标经过按钮时，两个 random（250）函数给出两个 0～250 之间的随机数，将这两个随机数赋值给 "no" 按钮的 x 和 y 坐标，使 "no" 按钮移动到这个随机坐标上；当鼠标在按钮上释放时，动画跳到并停止在第 42 帧。

06 新建 "图层 4"，单击第 20 帧，插入空白关键帧，把 "舞动的蝴蝶" 影片剪辑元件拖到舞台左下侧，分别在第 25 帧、30 帧、40 帧处插入关键帧，然后依次调整元件在舞台中的位置，调出蝴蝶在舞台中飞行的路线。蝴蝶分别在第 20 帧、25 帧、30 帧、40 帧处的位置如图 10-3-19 所示。

图 10-3-19

07 分别在第 20 帧至第 25 帧之间，第 25 帧至第 30 帧之间，第 30 帧至第 40 帧之间建立补间动画，播放动画，即可看到蝴蝶从舞台左下侧飞至 "Do You Love Me？" 文字右边的动画效果。

08 新建 "图层 5"，在第 20 帧处插入关键帧，把 "舞动的蝴蝶" 影片剪辑元件拖到舞台右下侧，同上分别在第 25 帧、30 帧、40 帧处插入关键帧，依次调整各关键帧的蝴蝶在舞台中的位置，在各关键帧之间建立补间动画，做出另一只蝴蝶从右下侧飞至文字左边的补间动画。

09 单击 "图层 5" 的第 40 帧，打开 "动作" 面板，在 "动作-帧" 面板中添加如下动作脚本语句：

```
Stop();
```

使动画在第 40 帧处暂停。

10 新建 "图层 6"，在第 41 帧处插入关键帧，把 "跳动的心" 影片剪辑元件从 "库" 面板中拖到舞台上。

11 单击工具箱中的 "文本工具" 按钮，将其 "属性" 面板中的字体设置为 "Verdana"，字体颜色代码设置为 "#FF3333"，字号设置为 23，在心形下方输入 "I LOVE YOU TOO" 的字样，位置如图 10-3-20 所示。

12 将 "返回" 按钮元件拖到舞台右下方，选择 "返回" 按钮，按 *F9* 键，打开 "动

作-按钮"面板,给"按钮"添加如下动作脚本语句:

```
on (release) {
    gotoAndPlay(1);
}
```

13 单击第 42 帧,插入空白关键帧,将"破碎的心"影片剪辑元件拖到舞台中,单击工具箱中的"文本工具"按钮,并在元件下方输入"OH, NO!!!"文本。至此,整个爱心贺卡制作完毕,时间轴面板如图 10-3-21 所示。按快捷键 *Ctrl* + *Enter* 或者执行"控制" → "测试影片"命令,测试动画效果。

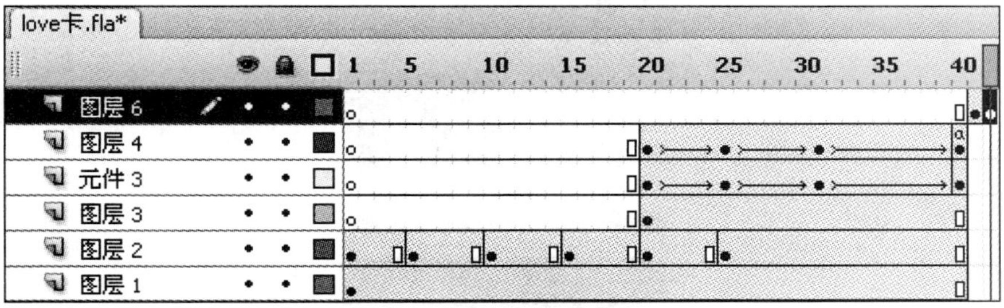

图 10-3-20

图 10-3-21

任务 **10.4**　**制作手机广告动画**

◎ **任务描述**

　　本任务要制作一个产品广告动画。广告动画主要于互联网上对产品、服务或者企业形象进行宣传。由于广告动画中采用了很多电视媒体制作的表达手法,因此需要学习利用基本动画制作广告的方法技巧,并学习通过不同的产品图片、广告语及文字给观众一定视觉冲击,以制作出精美的广告。本任务引用影片剪辑来完成全部动画,制作过程相对比较烦琐,但完成后会发现:原来多图层动画可以做出这样精美的效果。实例效果如图 10-4-1 所示。

◎ **技能要点**

- 补间动画的创建。
- 元件的制作。
- 动画效果的设计。

图 10-4-1

任务实施

01 新建一个文件，设置文档的背景颜色为黑色，大小为 400 像素*600 像素。

02 用"矩形工具"绘制宽为 400 像素，高为 600 像素的矩形，在"颜色"面板中设置类型为"线性"，两个色标的颜色值分别设置为"#1F20A5"、"#000000"，如图 10-4-2 所示。重新命名"图层 1"为"背景"。

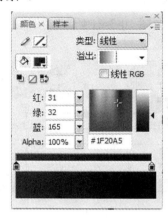

图 10-4-2

03 创建"月亮"元件。建立一个影片剪辑元件，命名为"月亮"。用"椭圆工具"绘制出宽为 114，高为 114 的正圆。选择"滤镜"面板中的"发光"滤镜，设置如下：模糊 X 为 10，模糊 Y 为 10，"强度"为 100%，如图 10-4-3 所示。返回场景中，新建"图层 2"，并重新命名为"月亮"，将制作好的"月亮"影片剪辑拖入场景的右上角，坐标为（114，10）。

图 10-4-3

04 创建"水波"元件。创建影片剪辑元件，命名为"水波"。用"椭圆工具"绘制出宽为 254，高为 254 的正圆。在"颜色"面板中设置"类型"为"放射状"，设置三个色标的颜色为#FFFFFF，Alpha 值分别为 0%、40%和 60%，如图 10-4-4 所示。

05 创建影片剪辑并命名为"水波 2"。将"水波"影片剪辑拖入元件编辑区，在第 20 帧、第 70 帧处插入关键帧。选择第 1 帧，调整"水波"的大小，宽为 120，高为 120，属性 Alpha 为 0%；第 20 帧不变；在第 70 帧调整"水波"的大小，宽为 500，高为 500，属性 Alpha 为 0%。在第 100 帧处插入空白帧，在第 1~20 帧、第 20~70 帧之间创建补间动画，效果如图 10-4-5 所示。

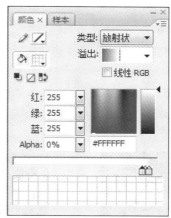

图 10-4-4

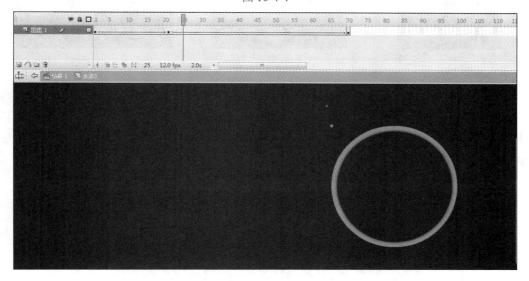

图 10-4-5

06　创建影片剪辑并命名为"水波 3"。在第 5 帧处插入关键帧，将影片剪辑中的"水波"影片剪辑拖入元件编辑区，设置宽为 120，高为 20，坐标为（-6.3，3.9），填充颜色为"无"；在第 100 帧处插入空白帧。在"图层 1"下方新建"图层 2"，将"水波"影片剪辑拖入 1 帧，调整大小，宽为 180，高为 4，坐标为（-6.3，3.9），填充颜色为"无"。在第 100 帧处插入空白帧，如图 10-4-6 所示。

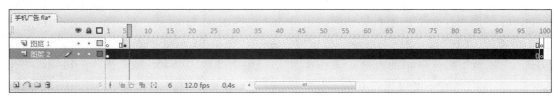

图 10-4-6

07 创建"树叶"元件。新建影片剪辑"树叶",将文件中的"树叶"图片导入舞台,如图 10-4-7 所示。

08 创建"光"元件。新建影片剪辑"光",在"图层 1"利用"椭圆工具"绘制如图 10-4-8 所示的图形。

09 在"图层 1"的下方插入"图层 2",绘制如图 10-4-9 所示的图形,分别在"图层 1"、"图层 2"的第 60 帧处插入关键帧,并在第 1~60 帧创建顺时针旋转 1 次的动画补间。

图 10-4-7   图 10-4-8   图 10-4-9

10 创建"光闪"元件。新建影片剪辑"光闪",选择"图层 1"的第 1 帧,将刚刚创建的"光"影片剪辑拖入元件编辑区,在第 20 帧、第 35 帧处插入关键帧,分别将第 1 帧和第 35 帧中的"光"影片剪辑的 Alpha 值设置为 0%,最后在第 55 帧处按 **F5** 键插入帧,如图 10-4-10 所示。

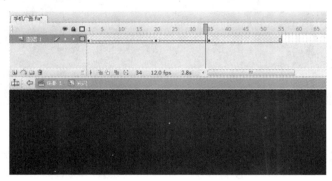

图 10-4-10

11 创建影片剪辑并命名为"树叶 1"。将"图层 1"重新命名为"树叶",将制作的"树叶"元件拖入该图层第 1 帧。在第 60 帧处插入关键帧,然后在第 65 帧处插入关键帧,单击树叶,用"任意变形工具"稍微向上拉动,如图 10-4-11 所示,延续帧至第 540 帧。

12 在"树叶"图层上方新建"水波"图层,在第 85 帧处插入关键帧,将"库"面板中的"水波"影片剪辑拖入第 85 帧中,然后在第 105 帧、第 155 帧处插入关键帧。将第 85 帧中元件的 Alpha 值设置为 0%,将第 105 帧中元件适当放大,效果如图 10-4-12 所示。复制"水波"图层并将其粘贴在上一层,使帧向后延续 20 帧。

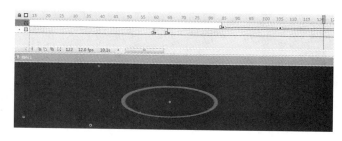

图 10-4-11

图 10-4-12

13 "水波"图层上方新建"水滴"图层，在第 1 帧利用"椭圆工具"和"选择工具"绘画出图 10-4-13 所示的形状，其填充颜色为透明。

14 在第 30 帧、第 31 帧处插入关键帧，将绘制出的形状变化成图 10-4-14 所示的形状，在第 40 帧、第 50 帧、第 60 帧、第 61 帧处插入关键帧，使上面的图形逐渐变成水滴形状，如图 10-4-15 所示。

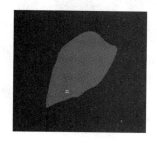

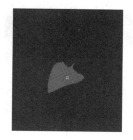

图 10-4-13

图 10-4-14

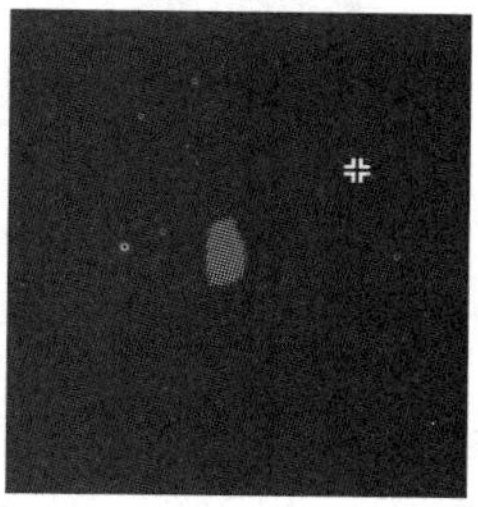

图 10-4-15

15 在第 85 帧处插入关键帧，并将水滴形状向下移动一段距离。

16 在第 87 帧处插入关键帧，将水滴形状变成图 10-4-16 所示的形状。

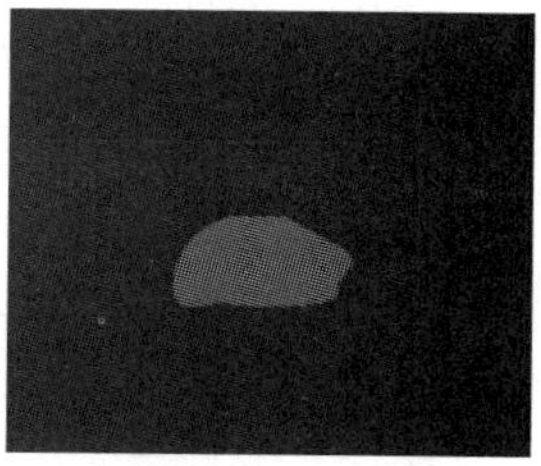

17 在第 90 帧处插入关键帧，将水滴形状删除，再绘制图 10-4-17 所示的形状。

18 在第 94 帧处插入关键帧，将水滴形状和位置进行如图 10-4-18 所示的变化。

19 在第 98 帧处插入关键帧，将水滴形状和位置进行如图 10-4-19 所示的变化。

图 10-4-16

20 在第 100 帧处插入关键帧，将水滴形状进行变化，并在该层所有关键帧之间创建形状补间动画。

图 10-4-17

图 10-4-18

图 10-4-19

21 在"水滴"图层上方新建"手机 1"图层。在第 85 帧处插入关键帧，导入"手机 1"图片。选择导入的图片，用"任意变形工具"将手机翻转过来，并设置宽为 40.3，高为 86.3，坐标为（－77.7，424），同时设置 Alpha 值为 0%，效果如图 10-4-20 所示。

22 在第 150 帧处插入关键帧，将"手机"拉到树叶上，调整合适大小，并设置 Alpha 值为 100%，效果如图 10-4-21 所示。

23 在第 404 帧处插入空白帧，第 405 帧和第 430 帧处插入关键帧，设置第 480 帧中图片 Alpha 值为 0%，在第 85~150 帧和第 405~430 帧之间创建补间动画，效果如图 10-4-22 所示。

图 10-4-20　　　　　　图 10-4-21　　　　　　图 10-4-22

24 在"手机 1"图层上新建图层"光"。在第 152 帧处插入关键帧，将库中的"光"元件拖入该帧，并将其移至图 10-4-23 所示的位置，延续帧至第 209 帧。

25 在"光"图层上新建"文字 1"图层，在第 155 帧处插入关键帧，输入文字"主屏颜色：30 万色"，在"颜色"下拉列表中选择"色调"选项，并设置颜色代码为"#00CC33"，RGB 值为（0，204，51）；调整大小，宽为 217.8，高为 31；坐标为（－599.0，－98.7），如图 10-4-24 所示。

图 10-4-23　　　　　　　　　　图 10-4-24

26 在第 174 帧处插入关键帧，将文字移至坐标（15.4，－105.8）处，并在两个关键帧之间创建补间动画，在第 405 帧、第 430 帧处插入关键帧，将第 430 帧中文字 Alpha 值设置为 0%，两个关键帧之间创建补间动画。在"文字 1"图层上新建图层"文字 2"，在 174 帧处插入关键帧，输入文字"主屏尺寸：3.0 英寸"，跳帧大小，宽为 217.8，高为 31；坐标为（－606，－53.1），颜色色调设置为"#00CC33"，RGB 值为（0，204，51），效果如图 10-4-25 所示。重复上述步骤，在第 174~192 帧、第 405~430 帧创建补间动画。

图 10-4-25

27　在"文字 2"图层上新建"手机 2"图层，在第 193 帧处插入关键帧，将图片中的"手机 2"拖入舞台。调整大小，宽为 34.8，高为 73；坐标为（−257，296.1）；设置 Alpha 值为 0%，效果如图 10-4-26 所示。在第 223 帧处插入关键帧，将手机拖动到下面，适当调整大小并设置 Alpha 值为 100%。在两个关键帧之间创建补间动画。设置旋转"顺时针 1 次"，效果如图 10-4-27 所示。在第 405 帧、第 430 帧处插入关键帧，在第 430 帧设置 Alpha 值为 0%，在两个关键帧之间创建补间动画。

图 10-4-26

图 10-4-27

28　在"手机 2"图层上新建图层"水波 1"，在第 223 帧处插入关键帧，将库中的"水波"影片剪辑拖入舞台，适当地调整大小。在第 245 帧处插入关键帧，选择"水波"元件，将其放大并设置 Alpha 值为 0%。在关键帧之间创建补间动画，在第 430 帧处插入空白帧，最终"水波 0"效果如图 10-4-28 所示。

图 10-4-28

29　在"水波 1"图层上新建图层"水波 2"，在第 225 帧处插入关键帧，重复步骤 27，效果如图 10-4-29 所示。

图 10-4-29

30 在"水波 2"图层上新建图层"文字 3"，在第 225 帧处插入关键帧，输入文字"主屏材质：CDA"，调整文字大小宽为 225.3，高为 36；坐标为（－564.3，38.6）；设置 Alpha 值为 0%。在第 270 帧处插入关键帧，按住 Shift 键将文字水平拉动，设置 Alpha 值为 100%，颜色色调设置为"#00CC33"，RGB 值为（0，204，51），在两关键帧之间创建补间动画，效果如图 10-4-30 所示。在第 405 帧、第 430 帧处插入关键帧，在第 430 帧设置 Alpha 值为 0%，在两个关键帧之间创建补间动画。

31 在"文字 3"图层上新建图层"文字 4"，在第 272 帧输入文字"产品尺寸：120*60*39mm"，重复步骤 31，效果如图 10-4-31 所示。

图 10-4-30

图 10-4-31

32 在"文字 4"图层上新建图层"手机 3"，在第 296 帧处插入关键帧，导入图片中的"手机 3"，调整合适大小，设置 Alpha 值为 0%。在第 324 帧处插入关键帧，将其放大，设置 Alpha 值为 100%，创建补间动画，效果如图 10-4-32 所示。在第 405 帧、第 430 帧处插入关键帧，在第 430 帧设置 Alpha 值为 0%，在两个关键帧之间创建补间动画。

33 在"手机 3"图层上新建图层"文字 5"，在第 324 帧处插入关键帧，输入文字"摄像头像素：500 万像素"，在第 346 帧处插入关键帧，重复步骤 31，效果如图 10-4-33 所示。在"文字 5"图层上新建"文字 6"图层，在第 346 帧处插入关键帧，输入文字"摄像头材质：ACC"，在第 366 帧处插入关键帧，重复步骤 31，效果如图 10-4-34 所示。

图 10-4-32

图 10-4-33

图 10-4-34

34 在"文字 6"图层上新建"光 1"图层，在第 324 帧处插入关键帧，将库中的"光闪"影片剪辑拖入舞台，并放置在图 10-4-35 所示位置，延续帧至 345 帧。在"光 1"图层上新建图层"文字 7"，在第 43 帧处插入关键帧，导入图片中的"标志"，输入文字"康佳 V8096S"，如图 10-4-36 所示，设置 Alpha 值为 0%。

35 在第 463 帧处插入关键帧并适当调整大小，设置 Alpha 值为 1200%，文字颜色色调设置为"#00CC33"，RGB 值为（0，204，51），在关键帧之间创建补间动画。在"文字 7"图层上新建"文字 8"图层，在第 463 帧处插入关键帧，输入文字"KONKA　Konca me"，重复步骤 36，效果如图 10-4-37 所示。

图 10-4-35

图 10-4-36

图 10-4-37

36 返回主场景，新建"树叶滴水"图层，将"树叶 0"影片剪辑拖入第 1 帧，效果如图 10-4-38 所示。

37 执行"文件"→"保存"命令，按快捷键 *Ctrl* ＋ *Enter*，效果如图 10-4-39 所示。

图 10-4-38

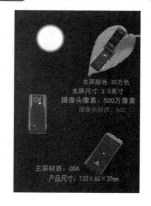

图 10-4-39

参 考 文 献

陈民，关婷．2010．动画设计与制作．南京：凤凰出版社．

沈大林．2010．二维动画制作 Flash CS3 案例教程．北京：电子工业出版社．

赵艳莉，李继峰．2010．Flash CS3 动画制作项目实训教程．合肥：安徽科学出版社．